그냥 좋은 제주

그냥 좋은 제주

초판 1쇄 발행 2014년 10월 18일

지은이 최지혜
발행인 송현옥
편집인 옥기종
펴낸곳 도서출판 더블:엔
출판등록 2011년 3월 16일 제2011-000014호

주소 서울시 강서구 마곡서1로 132, 301-901
전화 070_4306_9802
팩스 0505_137_7474
이메일 double_en@naver.com

ISBN 978-89-98294-04-5 (13980)

※ 이 도서의 국립중앙도서관 출판시도서목록(CIP)은 서지정보유통지원시스템 홈페이지(http://seoji.nl.go.kr)와 국가자료공동목록시스템(http://www.nl.go.kr/kolisnet)에서 이용하실 수 있습니다. (CIP제어번호:2014027354)

도서출판 더블:엔은 독자 여러분의 원고 투고를 환영합니다. '열정과 즐거움이 넘치는 책' 으로 엮고자 하는 아이디어 또는 원고가 있으신 분은 이메일 double_en@naver.com으로 출간의도와 원고 일부, 연락처 등을 보내주세요. 즐거운 마음으로 기다리고 있겠습니다.

그냥 좋은 제주

최지해 지음

더블:엔

Prologue

그렇고 그런 인생이었다. 회사, 집, 회사, 집. 지겹도록 반복되는 일상이었고, 유일한 낙이라면 3일에 한 번씩 친구들을 만나 술잔을 기울이며 수다를 떠는 것이었다. 그렇게 다람쥐 쳇바퀴 돌 듯 하루하루를 꾸역꾸역 채워오던 중 문득 여행을 떠나고 싶어졌다. 아니, 엄밀히 말하면 갑자기는 아니다. 사진에 관심을 갖기 시작하면서부터라고 해야 맞겠다. 더 다양한 피사체를 담고 싶어서였다. 가끔 굉장히 무모할 정도로 결단력이 있는 나는 아무런 계획도 없이, 다니던 회사에 사직서를 내고야 말았다. 그후, 모아뒀던 통장 잔고를 축내며 맘껏 떠돌았다. 국내, 해외 가릴 것이 없었다. 여행 블로그를 운영하다 보니 많은 기회도 생겼다. 처음엔 그저 일탈 정도로 생각했었던 여행에 점점 익숙해져가고 있었다.

그렇게 떠돌기를 2년. 정작 제주도에는 가본 적 없는 내게 사람들은 묻곤 했다. "그렇게 여행을 많이 다니면서 왜 제주도는 안 가?"

글쎄... 제주도는 쉽게 닿을 수 없는, 그래서 너무 멀게만 느껴지는 미지의 세계 같은 곳이었다고나 할까? 막연한 동경 같은 게 있었고, 그걸 쉽사리 깨뜨리고 싶지 않았던 것 같다. 어쩌면 때를 노리고 있었는지도 모른다. 느긋하고 여유롭게 그 섬을 즐길 여건이 되었을 때 찾고 싶었다.
그리고 드디어 기다리던 때가 왔다.
2012년 2월, 내 나이 삼땡. 여행을 시작한 지 근 2년 만에 제주 땅을 밟았다.

나의 첫 제주도 여행은 올레1코스를 걷는 것에서 시작했다. 느릿느릿 걸음을 옮기며 있는 그대로의 제주도를 탐닉하고 싶었다. 그 날 그 섬이 가진 모든 것들을 훑어보았다고 해도 과언이 아니다. 삶의 터전인 밭을 지나고, 오름에 올라 섬을 품고, 이후 차례로 숲, 마을, 바다를 만났다.
이튿날에는 눈발이 흩날리기 시작했다. 내친김에 올레2코스까지 걸어볼 작정이었지만, 기상 상태로 보아 도저히 불가능했다. 계획을 바꿔, 가보고 싶었던 김영갑 갤러리 두모악에 갔다. 혼자였다. 함께 여행을 떠났던 동생은 다른 곳에 가고 싶어 했고 우리는 각자 원하는 곳을 여행하고 숙소에서 만나기로 했다. 김영갑 갤러리에서는 외로움에 사무쳤다. 눈물이 흘렀다. 혼자라서 외로운 것이 아니었다. 김영갑 선생의 삶이 그랬다. 루게릭병을 앓고 있던 그가 죽는 날까지 놓지 못했던 제주도에 대한 사랑이 그랬다.
3일째 되는 날에는 한라산을 올랐다. 대한민국 남쪽에서 가장 높은 산이니 응당 쉽지 않을 거라 생각했지만 역시나 무척 힘들었다. 눈과 비가 번갈아가며 길을 방해하고, 심지어 사람의 발길이 닿지 않은 자리에는 허리까지 눈이 쌓일 정도로 열악한 상황이었다. 평소에 산을 자주 타지도 않는 사람이 이런 악천후 속에서 아홉 시간의 대장정을 끝냈다는 사실 자체가 그저 감격스러울 뿐이었다. 하지만 애석하게도 백록담은 짙은 안개 속에 숨어 모습을 드러내지 않았다.

이후 이틀간은 놀멍쉬멍 제주도를 즐겼다. 제주도민 코스프레라고나 할까? 게스트하우스에서 늘어지게 잠을 자다가 느지막이 시장에 나가 어슬렁거리기도 하고, 점찍어 두었던 카페에서 고양이들과 나른한 오후 시간을 보내기도 했다.

첫 여행을 끝내고 서울로 돌아온 그때부터 제주앓이가 시작되었다. 한 번 발을 들이고 나니 다음부터는 쉬웠다. 틈만 나면 제주도로 날아갔다. 한 번 가면 최소 5일 정도는 머물러야 집으로 돌아오고 싶어졌고, 여행을 끝내고 돌아오면 또 다시 제주도가 그리워졌다. 한 번은 밤새 꿈에서 제주도를 유랑하고 난 후, 아침에 눈을 뜨자마자 비행기 표를 끊어 훌쩍 떠나기도 했다.

2년 동안 무려 열한 번이나 제주도를 찾았다. 화사한 유채꽃과 들꽃들이 생동감을 더해주는 봄날에는 온전히 내 걸음으로만 우도를 걷기도 하고, 청보리의 푸른 물결이 서걱대는 5월에는 섬 속의 섬 가파도에 들어갔다. 뜨거운 여름날의 제주도에서는 땀을 삐질삐질 흘려대며 올레길을 걷다가, 그대로 양말을 벗어 놓고 바다로 뛰어들었다. 은빛 억새가 너울대는 늦은 가을, 일출을 보겠다고 오름에 올라 찬바람에 벌벌 떨었던 기억은 평생 잊지 못할 것이다. 하얗게 눈 덮인 세상 속에서 붉은 자태를 수줍게 드러낸 동백이 얼마나 아름다운지는 제주도의 겨울이었기에 느낄 수 있었다. 그곳엔 나를 위로하는 바다가 있다. 오름에 올라 맞이하는 바람은 세상의 시름을 잊게 한다.

제주도는 혼자 온 여행객에게도 너그러운 곳이다. 유난히 외로운 영혼들이 많이 찾아드는 곳이기에 게스트하우스에서 새로운 친구를 만나기도 한다. 누군가와 함께하는 여행이라면 그것으로 또 즐겁다. 마음 맞는 친구들과 독채 민박을 빌려놓고 각자의 제주 지인들을 초대해 파티를 열었던 추억을 떠올리면 입가에 살포시 미소가 번진다.

나는 주로 버스를 타거나 튼튼한 두 다리에 의지해 여행을 했다. 내비게이션이 알려주는 대로 찾아가는 길은 쉬울망정 재미가 없다. 가끔 길을 잃고 헤매다 예상치 못한 절경과 맞닥뜨리는 행운은 뚜벅이 여행자만이 누릴 수 있는 특권이다. 열한 번의 여행을 마쳤지만, 소문난 관광지들은 가능한 한 배제했다. 사람들로 북적이는 게 싫었고, 가능하면 알 만한 사람들만 안다는 비경을 찾고 싶었기 때문이다. 그동안 수십 군데를 다녔어도 여전히 나의 제주 위시리스트는 빼곡하다. 1년을 꼬박 제주도에서 지낸다한들 욕심이 채워질 수 있을까.

왜 제주도는 안 가냐고 물었던 사람들이 이제 이렇게 묻는다. "도대체 왜 제주도에 그렇게 자주 가는 거야? 애인이라도 숨겨 놓은 거 아냐?"

이유를 대라면 밤을 새워도 모자라겠지. 하지만 한마디면 족하다.

"제주도는 그냥~ 그냥 좋으니까."

2장

서쪽 해안

3장

남쪽 해안

4장

한라산 & 중산간

한눈에 담은 제주

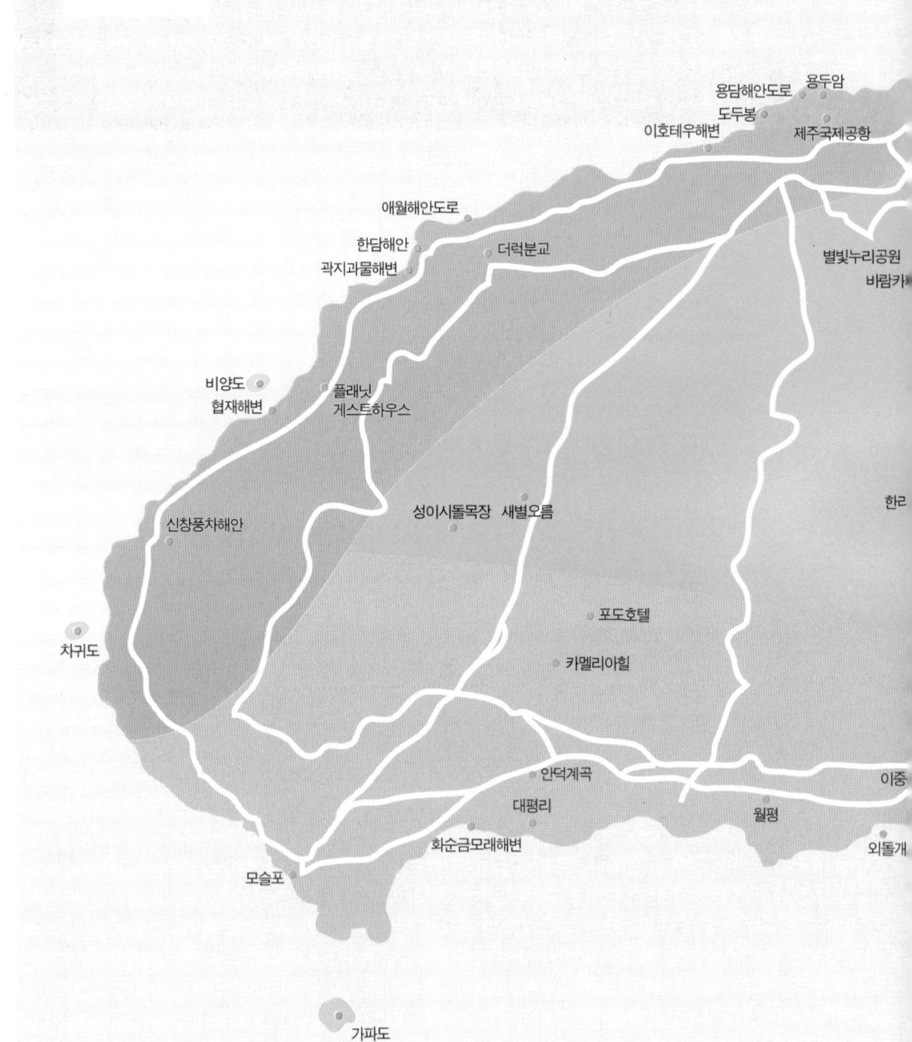

용두암
용담해안도로
도두봉
이호테우해변
제주국제공항
애월해안도로
한담해안
더럭분교
곽지과물해변
별빛누리공원
비양도
협재해변
플래닛 게스트하우스
성이시돌목장
새별오름
신창풍차해안
포도호텔
차귀도
카멜리아힐
안덕계곡
대평리
월평
외돌개
화순금모래해변
모슬포
가파도
마라도

함덕
서우봉 해변
서우봉
김녕 성세기해변
월정리
동복분교
귤꽃카페
해녀박물관
하도리
지미봉
우도
비자림
다랑쉬오름
아끈다랑쉬오름
성산항
앞오름
삼달리
잠도둑
게스트하우스
용눈이오름
광치기해변
거문오름
제주돌문화공원
제주절물자연휴양림
산굼부리
섭지코지
사려니숲길
쫄븐갑마장길
김영갑 갤러리
두모악
신풍신천바다목장
표선 해비치해변
공천포
요네주방
쇠소깍

1장

동쪽 해안

east

001

,

나의 첫 제주, 올레1코스

하늘을 올려다보니 비라도 쏟아질 기세다. 올레1코스의 시작점인 시흥리 마을에 숙소를 잡고 짐을 푼 후 가벼운 몸으로 나섰건만, 길 위엔 스산한 기운이 가득하고 하늘에 깔린 구름은 묵직하다. 눈이 내려준다면 그나마 축복이라고 할 수 있겠지만, 비가 내리면 사정이 달라진다. 만약을 대비해 우의를 사려고 올레안내소에 들렀다. 내친김에 올레패스포트도 구입했다. 이 작은 수첩 하나가 앞으로 자주 제주도에 올 구실을 만들어줄지도 모르겠다. 올해 안에 올레길 완주를 꿈꾸며 불끈!
첫 구간은 말미오름(혹은 두산봉)으로 향하는 길이다. 푸르른 밭을 양 옆에 두고, 구불구불 이어진 길을 걷기 시작한다. 길과 밭을 구분지어 주고 있는 낮은 현무암 돌담들을 보니 비로소 내가 제주도에 온 게 실감난다. 흙을 덧대어 고정시킨 것도 아니고, 탑을 쌓듯 사뿐히 올려놓았을 뿐인데 모진 바람에도 흔들림 없이 버티고 있는 것이 마냥 신기하다. 담 너머 밭에는 배추와 무, 당근이 나뒹굴고 있고, 조금은 쓸쓸해 보일 수 있는 겨울

풍경에 간간이 봄을 재촉하는 유채꽃이 산들대며 화사함을 더해준다.

양 옆으로 숲이 우거진 길을 따라 오르자 곧 말미오름이다. 시원스레 펼쳐진 광활한 들판에 레고를 쌓은 듯 옹기종기 모여 있는 마을이 앙증맞다. 저 멀리 아득하게 눈에 들어오는 바다는 깊이에 따라 자리에 따라 제각각 신비로운 빛깔을 뽐낸다. 성산의 랜드마크 성산일출봉이 위용을 뽐내고 있는 맞은편에는 섬 안의 섬 우도가 나른하게 누워 있다. 이러한 그림 같은 풍경에 난 정신줄을 놓았는지도 모르겠다. 얼마나 소리를 질러댔는지, 분명 마을 주민들도 귀가 번쩍했을 것이다(자고로 오름은 조용히 즐기는 곳이랬다. 마을 주민들에게 이제와 심심한 사과를…).

말미오름에서 내려와, 내 키보다 훌쩍 큰 갈대들이 속삭이는 밭을 지나고, 호젓한 숲길을 지나오니 다시 또 하나의 오름으로 이어진다. 말미오름과는 다르게 민머리가 훤히 드러난 이곳의 명칭은 알오름. 정상으로 오르는 길에 깔린 황토빛 카펫이 마치 낙엽을 밟는 듯 폭신폭신 감촉이 좋다. 정상에서 만나는 풍경은 말미오름의 그것과 크게 다르지 않다. 다만 성산일출봉이 좀 더 가까워졌고, 바다와 성산포구가 더 또렷하게 잡힌다.
알오름 아래에서부터는 제법 평탄한 길이다. 시흥리에서 말미오름으로 이르던 그 길과 닮은 돌담길을 따라 걷다 이내 종달리 교차로까지 이어지는 도로에 들어섰고, 다소 지루하다는 생각이 들 때쯤 종달리 마을이 시작되었다. 알록달록한 지붕을 이고 있는 낮은 집들이 서로 이마를 맞대고 있는 마을을 지나고 나면 커다란 당산나무를 시작으로 소금밭이 펼쳐진다. 엄밀히 말하면 지금은 소금밭이 아니다. 옛 종달리는 소금 생산지로 유명했다. 염전 대신 갯바위에서 소량의 소금을 생산했는데, 지금은 그 소금밭에 방조제를 쌓아 간척지를 조성했다. 이제는 소금 대신 바람결에 넘실대는 갈대들이 그 자리를 메꾸고 있다.

제주도 하면 바다가 빠질 수 없지. 소금밭을 지나오고 나서야 비로소 바다를 만나니, 이는 종달리 해안도로로 들어서고 나서부터다. 온전히 내 걸음으로 해안을 따라 걷는 건 참으로 낭만적인 일인데, 바다에서 불어오는 바람이 자꾸 훼방을 놓는다. 점퍼 지퍼를 여미고 후드를 뒤집어써 보지만 바다에서 불어오는 바람을 당해낼 재간이 없다.

빨랫줄에 차례대로 곱게 널려 해풍에 꾸덕꾸덕 말려지고 있는 한치를 외면하고, 차오르는 숨을 돌리기 위해 일단 목화휴게소로 후퇴! 그러고 보니 점심시간이 훌쩍 지난 것도 모르고 걸었다. 따뜻한 난로곁을 내어주며 쉬다 가라는 주인아주머니의 인정에 감동하며, 이곳에서 끼니를 때우기로 한다. 한참을 고민하다 주문한 해물라면은 기대했던 것보다 해물의 양이 적어 아쉬웠지만, 따스한 온기로나마 차가워진 몸뚱이를 녹일 수 있었으니 그걸로 만족한다. 나중에 들은 이야기인데 목화휴게소에서는 한치나 준치를 씹어주는 편이 좋단다.

다시 길에 나섰건만, 바람은 야속하게도 자꾸만 등 뒤에서 날 떠민다. 돌, 여자, 그리고 바람의 제주. 게다가 지금은 바야흐로 1월! 겨울날 제주의 바람은 매섭고도 혹독하구나. 뒤에서 날 조종하던 바람은 급기야, 오조리 해녀의 집을 향해 방향을 트는 순간 왼쪽 뺨을 가열차게 때려대기 시작했다. 이 정도라면 1초당 한 대꼴! 매서운 바람에 혼쭐이 난 나는 냅다 뛰어 건물 뒤쪽으로 몸을 숨기고 잠시 숨을 골라낸다. 고비다. 아스팔트가 깔린 길을 걸어왔더니 발바닥도 점점 아파오기 시작한다. 하지만 분발하자! 종점이 코앞이다.

바로 눈앞에 성산일출봉이 보이기 시작하는데, 올레길 이정표는 길을 돌아가게 만든다. '왜 굳이 이렇게 수고스럽게 코스를 짰을까?' 살짝 투덜댔지만, 길을 따라가다 보니 단번에 그 이유를 알 수 있었다. 성산포 선착장을 지나 성산일출봉 아래에 서자, 아찔한 절벽과 비취색의 바다가 절묘하게 어울려 이국적인 정취를 뿜어내고 있다. 그리고 그 자리에서 우러러 보게 되는 성산일출봉의 기백 또한 위풍당당하다.

올레1코스는 성산일출봉 정상까지 오르지는 않는다. 매표소 직전에서 주차장 쪽으로 길을 틀어 수마포 해안과 광치기 해변을 차례로 만나도록 했다. 수마포 해안가에 이르자 어느새 날이 저물어가고 있다. 정오가 못 되어 길을 나섰는데, 어느새 석양이 드리워진다. 우수에 찬 듯한 색감이 번지는 해변을 거닐어 올레1코스의 종점 광치기 해변에 닿는다.

꼬박 여섯 시간은 걸었나보다. 종아리가 묵직하다. 나의 첫 제주. 이 섬의 속살을 제대로 만났다.

첫 번째 제주도 여행을 올레길, 그것도 1코스에서부터 시작한 것은 나름대로 특별한 의미가 있다. 올레1코스가 시작되는 시흥리 마을의 '시(始)' 자는 시작한다는 뜻이 담겨 있고, 올레길의 마침표를 찍는 지점인 종달

올레1코스
일주도로 교차로
종달초등학교
종달리 소금밭
종달 - 시흥 해안도로
시흥해녀의 집
알오름
시흥초등학교
말미오름
성산갑문
오정개 해안
동암사
수마포
광치기해변
성산일출봉

리의 '종(終)' 자는 끝맺음을 의미한다. 그러니 제주여행이라면 무릇 시흥리에서 시작해 종달리에서 끝을 내야만 할 것 같은, 내 맘대로 의미부여라고 해두자.

올레 패스포트는 각 코스 올레 안내소 또는 올레스토어에서 구입 가능하다. 단, 올레스토어에서 구입하면 집으로 배송이 되는 게 아니라 제주공항 안내소에서 직접 수령해야 한다.(올레스토어 http://www.ollestore.com)
올레 패스포트는 서귀포시 구간(파란색 커버)과 제주시 구간(주황색 커버), 두 종류로 나뉜다. 패스포트를 구입하면 올레길에 대한 정보가 담긴 안내책자를 주는데 이는 시중에 나와 있는 어떤 가이드북보다 자세하고 친절하다(적어도 올레길에 대해서는). 또한 패스포트 소지자에 한해 항공, 여객선, 입장료, 숙박업소 등의 할인 혜택을 받을 수 있으니 일석이조다. 올레 패스포트는 각 코스마다 시작점, 중간지점, 종점에 걸쳐 세 번의 스탬프를 찍도록 되어 있는데, 이는 올레지도에 친절하게 표시되어 있다.

길을 찾아가는 방법은 아주 쉽다. 중간중간 올레길임을 알려주는 표식들을 만날 수 있는데, 올레길을 정방향으로 걸을 경우는 파란색 화살표를 따라가면 되고, 역방향으로 종점부터 시작할 경우에는 주황색 화살표를 따라가면 된다. 파란색은 바다, 주황색은 제주도의 특산물인 귤을 상징한다. 또한 이 두 가지 색의 리본이 나뭇가지나 전신주 등에 매달려 있다. 제주 올레의 상징인 조랑말을 형상화한 파란색의 간세나 나무 화살표도 올레길을 표시하는 안내판이다. 이것만 잘 숙지하면 길을 잃을 염려는 없다.

올레1코스 : 총 15.6km / 4~5시간 소요

002

,

그녀들과 함께한 함덕에서의 추억

겉으론 까칠하지만 속은 여린 수진이, 언제나 통통 튀는 목소리에 방긋방긋 잘 웃어서 비타민이라는 별명이 붙은 옹나, 막내지만 가장 의젓한 봉자, 그리고 든든한(이것은 순전히 내 생각) 맏언니 나. 우리는 스스로를 작은아씨들이라 부른다. 이유는 싱겁다. 단지 네 명이라서. 이렇게 자주 어울려 여행을 다니는 멤버에 객원으로 연진이가 합류해 여자 다섯이서 제주도 여행을 떠났다.
금요일 저녁 비행기를 탔다. 제주공항에 도착해 렌터카를 찾아 함덕까지 달려오는 동안 시간은 이미 밤 10시를 넘기고 있었다. 미리 예약해 두었던 시골집(독채민박)에 도착하니 주인아주머니는 우리를 한참이나 기다리다 TV에 포스트잇을 붙여놓고 가셨다.
"부족한 이불은 꺼내서 사용하세요. 바닥에 요 깔고 위에 하얀색 패드를 깔고 주무시면 폭신할 겁니다. 오늘 저녁 선약이 있어서 손님맞이를 못 하네요. 지혜님, 내일 연락드릴게요. 궁금한 사항은 언제든 톡으로..."

TV 선반에는 몇 개의 메모가 더 붙어 있었는데, 시골에 있는 집이라 다소 불편한 점이 있더라도 양해해달라는 당부의 글들이 적혀 있었다. 거실에 놓인 빈티지한 녹색 테이블 위 바구니에는 제주 감귤이 가득 담겨 있었고, 이것도 부족해 마지막 날 또 한 박스를 가져다 주셨다. 사실 귤 따기 체험을 하려다 시간이 부족해 취소한 것이 못내 아쉽다(감사하게도 나눠주신 귤은 부지런히 먹고도 남아 사이좋게 나눠 서울까지 가져왔다).

도착하자마자 배고픈 동생들은 주방에 모여들어 뚝딱뚝딱 늦은 저녁을 준비하기 시작했다. 차로 5분 거리에 늦은 시간까지 영업을 하는 마트가 있어, 간단한 반찬과 라면을 사왔다. 갓 지은 따끈한 쌀밥에 보글보글 김치찌개를 끓이고, 사온 반찬들을 가지런히 놓아 간소하게 상을 차렸다. 참, 빠질 수 없는 게 있지. 마트에 갔을 때 집어온 한라산(제주도 소주)과 제주 막걸리도 놓았다. 그렇게 반주를 홀짝대며 수다를 떨다보니 새벽 4시가 되어서야 잠이 들었다. 다음날은 안 봐도 뻔하다. 해가 중천에 떠서야 눈을 떴다.

캄캄한 밤에 도착한 탓에 주변을 둘러볼 수 없었던 우리는 다음날이 되어서야 시골집이 해변과 가까이에 있다는 것을 알았다. 걸어서 3분이면 해변이었고, 옥상이나 집 앞 도로에 서면 멀지 않은 곳에 바다가 보였다. 시골집 대문은 항상 열려 있었다. 마당에 들어서면 오밀조밀한 테이블과 의자들이 놓여 있고, 검은 돌담 아래 화단에는 붉은 꽃송이들이 피어 있었다.

"우리, 내일 아침은 마당에서 먹을까?"

마당을 보자마자 수진이가 말했지만, 결국 그렇게 하지는 못했다. 11월의 제주 바람은 낭만적인 야외 조식을 허락하지 않았다. 대신 그날 저녁 우리만의 바비큐파티를 열었다. 마침 수진이의 생일이라 생일파티를 겸한 자리였다. 옹나는 밖에서 고기를 구워 안으로 대령했고, 봉자는 손수 만든 케이크를 가져왔으며, 연진이는 파티 분위기를 돋구어줄 이벤트용품을 준비했다. 나는 찌개를 끓였지만 맛은 없어 재료가 별로라는 어쭙잖은 핑계를 댔다. 어쨌든 야외에서 즐기지 못한 아쉬움은 좀 더 따뜻해지면 풀기로 하고, 따뜻한 실내에 두런두런 모여 앉아 즐거운 시간들을 나눴다.

둘째 날에는 시골집에서 그리 멀지 않은 곳에 있는 귤꽃카페에 갔다. 떠나오기 전 날 우연히 찾아낸 곳인데, 귤꽃이라는 이름에 끌렸고, 귤 농장에 있는 창고를 개조한 공간이라는 점도 특색있었다. 그리고 무엇보다 카페의 마스코트 오광이를 만나고 싶었다.
초록 속에 주황색 알맹이들이 송알송알 열린 귤 농장을 지나쳐 일단 카페 안으로 들어갔다. 손님은 우리뿐이었다. 치워지지 않은 테이블이 있어 물어보니 방금 막 귤 따기 체험을 하러 나갔다고 했다. 그렇다면 이곳은 우리 세상! 단숨에 전세 낸 분위기가 되었다. 가방을 내려놓자마자 일제히 카페 한쪽 구석에 앉아 있는 녀석에게로 향했다. 복슬복슬한 털이 사랑스러운 슈나우저, 이름은 오광이다. 이름이 왜 오광이인고 하니, 예상했던 대로 바로 그거였다. 화투의 절대지존 '오광'. 사람을 어찌나 좋아하는지 보자마자 뛰어오르고 킁킁대고 난리가 났다. 급기야는 봉자의 머리에 박치기를 하는 바람에 파안대소를 했다. 한참 오광이와 반가운 인사를 나눈 후에야 각자의 취향대로 마실 것을 주문하고 카페 안을 둘러봤다. 테이블은 여섯 개뿐인 작은 공간이지만, 시선을 끄는 소품들이 곳곳에 놓여 있었다. 올망졸망한 피규어들은 그렇다 치고 가장 관심을 끄는 것은 한쪽 벽면을 장식하고 있는 동물 사진들이었다. 주인장의 동물 사랑을 한 눈에 느낄 수 있었다.
카페를 구경하고 있는 사이에 주문한 것들이 나왔다. 예쁜 하트가 그려진 라떼, 제주의 바다색을 닮은 레몬에이드, 상큼한 감귤 주스, 그리고 추가로 주문한 찹쌀쑥이와플이 가지런히 놓였다. 디저트로 선택한 찹쌀쑥이와플은 성공적이었다. 찹쌀의 쫀득쫀득한 식감과 입 안 가득 향긋한

쑥의 풍미가 조화를 이루는 것이 귤꽃카페에서 야심차게 내세울 만했다. 주인장이 직접 만들었다는 감귤 잼을 바르니 상큼함까지 더해졌다.
남은 커피를 원샷하고 옹나와 둘이 농장 구경에 나섰다. 입구에 매달린 전구와 솔방울들이 아직은 때 이른 크리스마스 분위기를 돋우고 있었다. 감귤 나무들 사이에 스피커가 놓여 있는 것을 보고 옹나가 말했다.
"엄마냥(옹나는 나를 이렇게 부른다), 이 귤들은 음악을 듣고 자라나봐."
"아, 그런 용도구나. 왠지 낭만적이네~ 음악을 듣고 자란 귤은 더 달달하려나? 근데 뽕짝 틀어주는 거 아냐? 육질이 아주 쫀득쫀득해지게."
감성이 끌어오르려는 순간 분위기는 쨍그랑 깨졌고 우리는 함께 키득거렸다.
"귤꽃은 언제 펴요?"
농장 구경을 마치고 돌아와 물었더니 5월쯤이라고 했다. 귤꽃의 생김새에 대해 묻자 주인언니는 눈을 반짝이며 대답했다.
"하얀 색인데 정말 예뻐요. 향은 아카시아 향처럼 은은하구요. 귤꽃 필 때 한 번 오세요."
주인언니의 말을 듣고 있으니 귤꽃 피는 시기에 맞춰 제주도를 찾고 싶어졌다. 그리고 당연히 귤꽃카페에 올 것이다. 그때가 진짜 귤꽃카페일 테니까.

시간이 너무 빠르다. 후발대로 출발한 연진이를 데리러 공항에 갔다가 집에 돌아오니 점심시간이 훌쩍 넘었다. 끼니를 때우고 옹나가 추천한 신흥리 방사탑을 둘러보고 왔더니 어느새 해질 무렵이 다 되어간다. 겨

울이라 낮이 짧다. 그만큼 여행을 즐길 시간도 짧다.

"가까이에 일몰 좋은 데 없을까?"

"용눈이오름은 어때?"

"거긴 가는 동안 해가 질 것 같은데."

우리는 한데 모여 가능한 가까이에 있는 곳들을 검색하기 시작했고, 결론은 등잔 밑이 어두웠다. 알고 보니 우리가 있는 바로 이 동네 함덕, 서우봉에서 바라보는 일몰이 끝내준다는 것이다.

서우봉은 해변에 서서 바다를 바라봤을 때 오른쪽 끄트머리에 있는 언덕이다. 높이가 낮긴 해도 '오름' 중 하나로 당당히 이름을 올리고 있으며, 올레19코스가 서우봉을 지나간다. 집 앞에 차를 세워놓고 걸어 해변으로 향했다. 서우봉으로 오르는 길, 길가에 서서 한들거리는 억새풀에 자꾸만 눈이 간다. 석양에 물들기 전 마지막으로 투명한 푸른빛을 뽐내고 있는 바다는 두말할 것도 없다. 정자가 있는 언덕에 올라 내려다본 함덕 마

을은 아기자기 귀엽기까지 하다. 알록달록한 지붕을 이고 있는 제주도의 낮은 돌담집은 언제 봐도 예쁘다. 마을 너머에 들쑥날쑥 솟아 있는 오름들을 볼 수 있는 것도 고층 건물이 없기 때문이다. 늦은 오후의 햇살이 번져 한라산과 오름들이 있는 중산간 지대가 아스라이 보인다.

바닷바람이 차가워 오들오들 떨면서도 우리는 자리를 뜰 생각을 하지 못한다. 바람을 피한답시고 사방이 뻥 뚫린 정자 아래 붙어 앉아 해가 떨어지고 있는 하늘만 바라본다. 그러는 동안 다른 여행자들도 하나둘 서우봉으로 모여든다. 해가 지며, 넘실거리던 바다는 황금빛으로 물들어가기 시작한다. '쏴아~' 하고 밀려들어오는 파도에 금빛 알갱이들이 찰랑댄다. 저 멀리 중산간 일대는 오렌지 빛으로 물들고, 우리는 화려한 색감을 뽐내는 풍경 앞에서 그저 하염없이 셔터만 누른다. 언제나 해는 바쁘게 돌아간다. 한참을 애를 태우며 갈 듯 말 듯 밀당을 하다 순식간에 시야 밖으로 사라진다. 그럴 때마다 왠지 모르게 허탈감 내지 상실감이 밀려온

다. 이를 달래주려는 듯 남겨진 빛은 더 노골적으로 하늘을 메꾸어준다. 아름다운 일몰쇼가 끝나고 서우봉을 내려오는 길, 하늘에서 별똥별 두 개가 떨어졌다. 사실 진짜 별똥별은 아니다. 비행기가 지나간 자리일 테지만, 우리는 누가 먼저랄 것도 없이 "별똥별이다!" 라고 외쳤다. 그리고 약속이나 한 듯, 함께 오지 못한 친구를 떠올렸다. 가끔 툭툭 던지는 말이 4차원이라 외계인으로 불리는 체리.

"체리가 우리 보러 내려왔나봐~."

한마디에 다들 깔깔 웃는다. 이게 평균 서른세 살 여자들의 정신연령이라니. 어쨌든, 나에겐 이렇게 마음 맞는 여행친구들이 있어 행복하다.

함덕 시골집 독채민박 http://cafe.naver.com/jejucountry

- **주소** 제주시 조천읍 함덕리 251-1 • **문의** 010.9696.4438 / 010.2639.4438
- **숙박요금** 평일 13만원, 주말 15만원(성수기 20만원)

귤꽃카페 http://bakingpuppy.blog.me

- **주소** 제주시 조천읍 함덕리 3527-1 • **문의** 064.784.2012
- **영업시간** 오전 11시~오후 6시(매주 수요일 휴무)

003

,

낭만바다 월정리로부터

촌스러우면서도 정감 있는 이름 '월정리.' 그 느낌이 좋다. 귓가에 대고 소곤소곤, 다정하게 불러줘야 할 것 같은 이름이다. '달이 머무는 물가'라는 의미도 낭만적이다. 한 치 앞도 보이지 않을 정도로 어두운 밤바다 한편에 밝은 달빛이 드리워져 반짝반짝 빛나고 있는 장면을 연상케 한다. 하지만 월정리는 절대 촌스럽지 않다. 어쩌면 제주도에서 가장 세련되고 핫한 해변이다. 월정리가 '카페촌'이라는 단어로 대변되기 시작한 건 '카페 아일랜드 조르바' 덕분이다. 바다가 내다보이는 사각프레임과 해변에 놓아둔 알록달록한 의자들이 유명해지면서 사람들이 몰리기 시작했고, 앞 다투어 카페들이 생겨났다. 그 과정을 지켜보았던 이들은 상업적으로 변질되어버린 이 작은 어촌마을의 모습에 씁쓸해하기도 한다.

처음 월정리를 찾은 것은 2012년 어느 여름날 오후였다. 게스트하우스에서 만난 이들과 함께 용눈이오름에 올랐다가 커피나 한 잔 하자며 이곳

으로 왔다. 고운 모래와 은은한 파스텔톤의 청초한 바다. 내가 만난 월정리의 첫인상이었다.

초여름이라 아직 해수욕을 하는 이들은 없었다. 아이들과 어른 몇이 얕은 물 위에서 맨발차림으로 노닐고 있는 모습이 전부였다. 해변에는 검은 현무암 바위들이 드문드문 놓여 있고, 그 사이에 다양한 컬러와 크기를 가진 나무 의자들이 놓여 해변의 운치를 더하고 있었다. 의자는 모두 바다를 향해 있고, 사람들은 저마다 한 자리씩 차지하고 앉아 사진을 찍거나 멍하니 바다를 바라본다. 소문으로만 익히 들어왔던 아일랜드 조르바는 없어진 지 오래다. 원래의 주인장은 평대리로 자리를 옮겨 같은 이름의 카페를 열었고, 기존에 있던 아일랜드 조르바는 고래가 되겠다는 야심찬 포부를 가진 카페로 이름을 바꿨다. 이름하여 '고래가 될 카페'다. 언제쯤 고래가 되어 바다로 나아갈 수 있으려나.

이름은 바뀌었지만 모습만큼은 그대로 유지하고 있는 덕에 고래가 될

카페는 여전히 인기 만점이다. 우리 일행은 고민할 필요도 없이 제일 연장자인 형님이 이끄는 대로 카페를 선택했고, 그곳은 카페 '하이앤바이(hi&bye)'였다. 안쪽으로 들어서니 아담한 공간이 눈에 들어왔다. 1층에는 창을 통해 바다를 마주할 수 있는 바 자리가 있고, 손님들의 등 뒤로는 작은 주방이 마련되어 있었다. 카페 안은 다소 한산했다. 손님들 대부분이 밖으로 나가 바다를 즐기고 있는 탓일 테다.

"저는 아이스 블루라떼로 할래요."

함께한 일행들은 각기 원하는 음료를 골라 주문을 했다. 취향도 가지각색이다. 형님 두 분은 모히또를 선택했고, 20대 얼짱 동생은 월정리의 바다색을 닮은 월정리블루스를, 나는 진한 코발트블루와 커피색이 그라데이션 된 아이스 블루라떼를 골랐다. 그렇게 각각의 음료를 주문해놓고 2층으로 올라갔다. 삐걱대는 나무계단으로 통하는 2층은 천장이 낮아 머리를 숙여야 하고 1층보다 더 아담해 마치 다락방에 올라와 있는 듯 아늑한 기분이 들게 했다. 마침 바다가 보이는 창가 자리가 비어 있어 자리를 잡았고, 수다를 떨고 있는 사이에 주문한 음료들이 나왔다. 그런데 메뉴 선택에 실패했다. 어차피 커피는 취향이 아닌지라 눈이라도 즐거울 요량으로 카운터 천장에 걸린 사진들 중 가장 예쁜 것을 고른 건데, 사진에서 보던 것과는 색깔부터가 달랐다. 아이스 블루라떼가 아니라 브라운라떼라니.

20여 분쯤 멍하니 창밖을 바라보다 일행들을 남겨두고 홀로 카페를 나왔다. 역시 한 곳에 가만히 있는 것은 좀이 쑤셔서 못 참겠다.

"이제 어디 가실 거예요?"

"좀 쉬다가 비자림이나 가볼려고."

"아, 그럼 전 먼저 일어날게요. 해변을 따라서 좀 걸을래요."

바다를 더 가까이에서 보고 싶어 카페에서 나오자마자 모래사장을 향해 걸었다. 신발을 벗고 부드러운 모래의 감촉을 느껴보고 싶지만, 혼자여서인지 조금은 쑥스러워 그냥 어슬렁대고 있을 때 낯익은 얼굴이 눈에 들어왔다.

"여기 있었어요?"

"어?! 언제 오셨어요? 혼자 왔어요?"

"아니요. 게스트하우스 식구들하고 같이 왔죠. 지금 저기 하이앤바이에 다들 있어요. 전 좀 걸을려고 먼저 나왔구요. 계속 여기 있었어요?"

"네. 카페에 죽치고 앉아 있다가 이제 나왔어요."

어젯밤 같은 방을 썼던 룸메이트 둘을 만나게 된 것이다. 아침에 숙소를 나서며 바닷가에서 커피 한 잔 하고 싶다는 말을 하더니, 결국 그녀들도 월정리까지 흘러왔다. 잠깐의 어색한 대화들을 나누고 마저 즐거운 여행을 하라며 돌아서려는데, 말이 끝나기가 무섭게 나란히 신발을 벗더니 바다를 향해 뛰어간다. 그렇게 멀어지는 뒷모습과 모래사장에 벗어둔 신발을 번갈아 쳐다보고는 나도 가려던 길을 나섰다.

이후 꼬박 1년 뒤 다시 월정리를 찾았다. 너무 늦은 시간에 도착한 탓에 밤바다는 구경도 할 수 없었고, 다음날 아침이 되어서야 물가로 나왔다. 짙은 안개가 깔린 이른 시간의 해변은 고요하고 적막하지만, 그럼에도 불구하고 에메랄드빛 아름다운 바다색만큼은 감춰지지가 않는다.

인적 드문 모래사장에는 어딘가에서 나타난 누렁이 한 마리가 자기 세상인양 맘껏 활보중이다. 친구를 만난 듯 반가운 마음에 냉큼 달려가 두 팔을 벌리고 녀석을 부르자, 신기하게도 쪼르르 달려와서는 가만히 앉아 쓰다듬어주는 손길을 느낀다. 이내 자리에서 일어나 껑충껑충 모래사장을 달리기 시작하자, 녀석도 벌떡 일어나 금세 내 앞을 앞질러간다. 문득 바닷가 마당 있는 집에서 이런 녀석 하나 키우며, 아침에 눈 뜨면 함께 해변으로 나가 산책을 즐기는 소소한 일상을 그려보았다. 행복은 이렇듯 멀지 않은 곳에 존재하기 마련인 법.

제주섬의 북동쪽, 김녕과 세화 사이에 월정리해변이 있다. 아쉽게도 바다 바로 앞까지 가는 버스는 없다. 동일주노선(701번) 버스를 타고 구좌중앙초등학교에서 하차 후, 바다 쪽으로 10분 정도 걸어야 한다.

004

,

신비로운 천 년의 숲,
비자림

영롱한 아침 이슬을 머금은 숲을 보고 싶어 서둘러 길을 나섰다. 버스에서 내리자 비자림 입구에 노오란 비자나무 숫꽃들이 바닥에 나뒹굴고 있다. 벌써부터 신선한 나무 향기가 느껴진다.

"비자림에 가볼까?"

함께 떠나왔지만 각자의 취향대로 여행을 즐겨오던 일행과 비자림으로 뭉쳤다. 지난 겨울에 눈 쌓인 사려니 숲길을 걸었다면, 절기가 두 번 바뀌어 여름을 향해 치닫고 있는 이 계절에는 비자림을 걷기로 했다.

비자림은 평대리에서 중산간으로 가는 길목에 자리하고 있는 비자나무 숲이다. 총 448,165㎡의 면적에 키가 7~14m에 달하는 몇 백 년 묵은 비자나무들이 무려 2,870그루나 밀집해 있는 숲으로, 세계적으로도 보기 드문 우리의 귀중한 유산이다(비자나무는 늘 푸른 바늘잎나무로, 제주도와 일부 남부지방에서만 자라는 귀한 나무다. 잎이 뻗어있는 모양이 마치 非자와 닮았다 하여 비자란 이름이 생겼다고도 한다).

매표소에서 입장권을 끊어 산책로로 들어서니, 양 옆으로 비자나무를 비롯한 갖가지 초목들이 탐방객을 맞는다. 예쁘게 단장한 나무들과 걷기 좋게 정돈된 길이 단정하다.

비자림 산책로는 송이길이라는 짧은 코스와 송이길을 지나 돌멩이길까지 이어진 긴 코스로 나뉜다. 짧은 코스는 왕복 40~50분 정도, 긴 코스는 1시간에서 1시간 20분 정도 걸린다. 우리는 긴 코스를 택했다. 좀 더 오래 숲의 기운을 느끼고 싶었기 때문이다.

산책로를 따라 걷다보니 자연스레 갈림길에 당도한다. 오른쪽 길을 택하면 송이길, 왼쪽을 선택하면 돌담길을 따라 가벼운 산책을 즐길 수 있다. 어차피 두 길은 다시 만나게 되어 있어 어느 쪽을 선택하든 상관은 없으나 정해진 코스대로 송이길로 들어선다.

바닥에 화산송이가 수북하다. 밟을 때마다 '사각사각' 소리가 유쾌한데, 건강에도 좋단다. 화산송이는 제주도 화산 활동으로 생겨난 작은 돌멩이로 원적외선 방사기능, 탈취기능, 수분흡수기능, 향균기능을 두루 갖춘 천연 세라믹이다. 인체의 신진대사 기능을 촉진시키고 산화를 방지하며, 곰팡이나 새집 증후군을 없애는데 탁월한 효과를 지닌다. 뿐만 아니라, 식물의 생장에 필요한 수분을 알맞게 조절해주는 기능까지 갖추고 있어 화분용 토양으로도 두루 쓰이고 있다. 이처럼 다양한 능력을 갖춘 알갱

이들이 가득한 길을 걷고 있자니 심신이 정화되는 기분이다. 비자나무 숫꽃까지 노랗게 깔려 있어 색깔마저 곱디 고와 고급 카펫이 따로 없다. 내친김에 신발까지 벗어 들고 걷는다. 하지만 그것도 잠시. 천연 지압길의 통증에 참지 못하고 다시 신발을 신고 만다. 몸에 좋은 것은 입에만 쓴 게 아니라 발바닥에도 쓰다.

걸음걸음마다 감탄이 쏟아진다. 나무들의 키는 하늘을 찌를 듯이 높아 우러러볼 수밖에 없다. 덩치는 또 얼마나 큰지 장정 서너 명이 와서 감싸야 품에 안을 수 있겠다. '누가 누가 더 멀리 뻗을 수 있나' 서로 경쟁이라도 하듯 팔을 뻗치고 있는 모습은 생동감이 넘치다 못해 흙에 박힌 몸뚱이를 일으켜 뚜벅뚜벅 걸어올 것만 같다. 신비로움을 넘어서 경이로움이 느껴지는 숲이다. 이 태고의 숲 속에서 그도 나와 같은 마음이었나 보다. 오래전 비자림을 방문했던 노산 이은상 시인은 이런 글귀를 남겼다.
"심으려 한들 여기 이렇게 심을 수 있으며, 키우려 한들 또한 이같이 키울 수가 있을 것이냐, 한 발 내달으면 물바다요, 한 발 들이 밟아도 돌바단데 여기 무슨 틈이 이같이 저절로 얻어 이러한 대밀림을 지을 수 있었던가. 조화노 응당 자기 한 일에 스스로 놀라지 않을 수 없을 것이다."
한 치의 과장도 꾸밈도 없다. 비자림을 걸으면 누구라도 그의 글귀에 깊이 공감하게 된다.
밀림처럼 울창한 숲속에서도 아주 깊숙이 숨어 있는 비자나무가 있으니, 이름하야 새천년 비자나무다. 2000년 1월 1일, 밀레니엄 해를 기념하여 새로운 이름으로 거듭난 이 나무는 비자림을 통틀어 가장 나이가 많

다. 고려 명종 20년(1189년)에 심어졌으니 800년도 훌쩍 넘은 할배나무다. 사람은 나이가 들수록 쪼그라들고 약해지는데, 나무는 오히려 반대인 게 신기하다. 수백 년의 세월을 견뎌낸 나무는 이 숲 어떤 나무들보다 압도적으로 웅장한 자태를 뽐내고 있다. 주변을 에워싸고 있는 데크길을 따라 찬찬히 나무를 살펴보고 있노라면 세월만큼의 연륜이 느껴진다. 비자림의 터줏대감 노릇을 톡톡히 하고 있는 숲의 정령이라고 할 수 있겠다.

새천년 비자나무에서 조금 떨어진 지점에는 연리목이 있다. 나란히 심어진 두 그루의 나무는 차츰 성장하면서 맞닿게 되고, 그렇게 서로를 압박하다 견디지 못하고 껍질이 파괴된다. 그러다 자연스레 맨살이 부딪치며 몸이 섞이게 된다. 연리목이 되는 과정은 부부가 만나 한 몸이 되는 과정과 닮았다 하여 사랑나무라고도 불린다. 연리목 앞에서 사랑하는 남녀가 소원을 빌면 사랑이 이루어진다는 설도 있다.

연리목을 지나고 나면 탐방 코스는 어느 정도 끝을 보인다. 옛날 비자나무 숲을 지키던 산감이 먹는 물로 이용했다는 우물터에는 나무 모양의 수도시설이 생겨났다. 물론 수돗물은 아니다. 수도꼭지를 틀면 고로쇠물처럼 희뿌연 약수가 쏟아지는데, 맛은 애매하다. 우물터를 지나면 길은 우거진 숲을 지나 돌담길로 이어진다.

비자림은 굴곡이 없고 평이해 남녀노소 누구라도 걷기 쉽다. 숲의 기운을 느끼며 느긋하게 거닐다보면 몸과 마음은 물론 정신까지도 맑아지는 기분이다. 비자나무 숲은 겨울에도 잎이 떨어지지 않아 초록을 유지하고 있으니 어느 계절이고 좋겠다.

"비 올 때 비자림에 가봐. 초록은 선명해지고 화산송이의 붉은색은 짙어

1067

져서 한결 운치있는 숲을 만날 수 있을 거야."

어느 지인이 비오는 날의 비자림을 추천했었다. 그리고 난 이후 다시 한 번 비자림에 갔다. 그날은 봄을 알리는 단비가 내리고 있었다. 물기를 머금은 숲은 한층 짙어졌고, 반짝반짝 빛났다. 천년이나 묵은 숲에 촉촉함이 더해지자 그 세월이 더욱 진가를 발했다. 오감이 다 꿈틀댔지만, 그 중 청각이 가장 예민한 반응을 보였다. 비에 젖은 화산송이는 밟을 때마다 바짝 마른 그것보다 더 여문 소리를 냈다. 사각사각, 마치 사과를 베어 물 때 소리처럼 싱그러웠다. 우산 위로, 나뭇잎 위로, 땅 위로, 돌 위로, 타닥타닥 빗방울 떨어지는 소리가 경쾌했고, 그 소리에 취해 이 숲을 걸었다.

비자림은 대중교통을 이용하기 불편하다. 990번 읍면순환버스가 다니긴 하지만 배차 간격이 1~2시간이다. 버스 시간을 잘 숙지하고, 버스에서 내릴 때 기사님께 다음 버스 시간을 확인한 후 움직이면 좋다. 버스는 평대리에서 타는 게 가장 가깝다. 제주나 서귀포 해안 쪽에서 움직인다면 동일주노선(701번)을 타고 평대리 사무소에서 내려 환승하면 된다.

탐방코스는 A코스(송이길)와 A+B코스(송이길+돌멩이길)가 있다. A코스는 왕복 2.2km로 40분 정도 소요되고, 또 다른 코스는 왕복 3.2km로 1시간 20분 걸린다.

- **주소** 제주시 구좌읍 평대리 3164-1
- **문의** 064.710.7911~2
- **관람시간** 오전 9시~오후 6시(계절이나 기상 조건에 따라 변동됨)
- **입장료** 어른 1,500원, 청소년 · 군인 · 어린이 800원

005

,

그 섬에 그가 있었네,
김영갑 갤러리 두모악

아침에 눈을 뜨자마자 문을 열고 밖을 내다보았다. 눈보라가 휘몰아치고 있다. 조식을 먹기 위해 게스트하우스 카페에 갔더니 주인언니 왈,
"운이 좋아요. 제주에 이런 강추위가 온 게 몇 십 년만이래요. 영하권으로 내려가는 일은 극히 드문 경우거든요."
'쳇! 약 올리는 것도 아니고. 추운 게 뭐가 운이 좋다는 거지?'
어차피 내 힘으로 어쩔 수 없는 일이다, 좋게 생각하려 해도 속상한 마음은 감출 수가 없다. 평소에는 눈 내리는 걸 좋아하지만 하필 벼르고 벼르다 처음으로 찾은 제주 여행에서 맞는 눈은 전혀 달갑지 않다. 간밤에 추위에 벌벌 떨며 잠을 잔 탓에 가뜩이나 원망스러웠던 게스트하우스 주인언니가 더 얄밉게 느껴진다.
예정대로라면 어제의 올레1코스에 이어 2코스를 걸을 생각이었다. 눈을 맞으며 걷는다면 기억에 남을 만한 추억이 될 거라고 생각했던 것도 잠시, 다시 냉정하게 따져보니 이러다 동태가 되기 십상이겠다. 포기해야

할 때는 칼 같은 결단력이 있어야 한다.

'좋아! 일정을 바꾸자!'

날씨의 영향을 받지 않는 곳을 생각하다, 김영갑 갤러리가 떠올랐다. 사실 제주도 여행을 하게 된다면 가장 처음으로 방문하고 싶었던 곳이기도 했다. 처연할 정도로 깊게 제주도를 사랑하다 떠난 김영갑 선생을 만나고, 그가 가장 많은 애정을 쏟았던 용눈이오름을 차례로 둘러보겠다는 계획이었다. 하지만 어쩌다 여행의 방향이 수정됐는데, 오늘 날씨를 보아하니 어차피 김영갑 갤러리에 가게 될 운명이었나 보다.

숙소 앞 정류장에 서 있는데, 아무리 기다려도 버스는 올 기미가 없다. 바람은 차고 거친 눈발은 계속 흩날리는 상황에서 얼마나 더 기다려야 할지 막막해하고 있을 때, 하얀 용달차 한 대가 멈춰 섰다. 이어 창문이 스르륵 열리더니 조수석에 앉아 계신 아저씨가 말을 건넨다.

"어디까지 가요?"

"삼달리요."

"아… 방향이 틀리네~ 같으면 좀 태워줄려고 했더만."

헉! 이것은 희망고문! 방향이 다르다는 말에 이러지도 저러지도 못하고 쭈뼛거리고 있는 나를 버려둔 채 용달은 아무 일 없었다는 듯 눈보라 속으로 사라져갔다. 야속했지만 다행히도 얼마 안 있어 버스가 왔다. 그러나 진짜 문제는 삼달리에 도착하고 나서부터였다. 삼달리 교차로에서부터 갤러리까지 읍면순환버스를 이용해야 하는데, 이 버스가 한 시간에 한 대 꼴로 오는데다가 읍면순환버스를 타는 정류장까지는 10분을 걸어가야 한다. 오늘같이 무지막지하게 추운 날 마냥 버스를 기다리고 있을 수는 없다. 버스를 타지 않고 걸으면 20여 분이면 되니 그리 먼 거리도 아니다. 길 위에는 눈이 수북이 쌓였고, 아직 그 어떤 발자국도 새겨지지 않았다. 새하얀 길을 보니 호젓이 걷고 싶은 생각이 드는 것도 사실이다. 뽀드득 뽀드득, 한 발 두 발, 순백의 도화지에 나의 흔적들을 새기고 싶다. 그래! 걷자!

숙소를 나서기 전 투덜거렸던 마음은 어느새 눈 녹듯 사라져버렸다. 마구잡이로 돌진해오는 눈보라 때문에 후드를 뒤집어쓰고 걸어보지만 아무 소용없다. 속눈썹 위에는 하얗게 눈이 내려 앉아 눈곱이 낀 것처럼 시야가 흐릿한 데다, 몸속까지 파고드는 바람이 차가워 똑바로 걷다 등지고 걷다를 반복한다. 그럼에도 불구하고 이 모든 상황이 행운이라는 생각이 든다. 어쩌면 얄미웠던 게스트하우스 주인언니의 말이 맞는 것도 같다. 지금 내 눈앞에 펼쳐진 이 길은 지금껏 만났던 그 어떤 길보다도 아름답다. 새하얀 길 양 옆으로 나의 걸음걸음을 수호해주는 나무들이 든든하게 버티고 있고, 드문드문 만나는 시골집들은 정겹다. 푸릇푸릇한 채소밭과 새까만 돌담, 그리고 붉은 동백꽃 위, 곳곳마다 내려앉은 하얀 눈은 오히려 포근할 정도다. 스쳐가는 풍경 조각들 하나하나가 감성의 싹을 돋게 한다.

눈보라를 뚫고 드디어 김영갑 갤러리에 도착했다. 이곳은 폐교가 된 삼달분교를 개조하여 만들었는데, 갤러리의 이름은 한라산의 옛 이름을 따 '두모악'이라 지었다. 입구에 들어서니 가지런한 돌담길이 내부 전시장으로 안내한다. 인쪽으로 들어서기에 앞서 건물 앞 야외정원에서 김영갑 선생의 분신들을 만난다. 담장 위와 나무 사이에 놓인 자그마한 조각상들이 유난히 쓸쓸하고 외로워 보이는 것은 날씨 탓이려나. 제주를 사랑해 이곳에 터전을 잡았지만, 루게릭병을 얻어 일찌기 그 사랑을 접을 수밖에 없었던 김영갑 선생이 연상되어 괜스레 가슴이 뭉클해진다.
두모악은 두 개의 전시실로 이루어져 있다. '두모악관'과 '하날오름관'

김영갑
갤러리
두모악

이다. 그 중 제1전시관인 두모악관에서는 용눈이오름에 관한 사진과 김영갑 선생의 살아생전 모습이 담긴 영상을 만나볼 수 있다. 영상은 방문객이 직접 재생버튼을 눌러 아무 때나 관람할 수 있어, 자리를 잡고 앉아 우두커니 20여 분쯤 영상을 관람했다.

1985년, 20대 후반 젊은 나이에 제주도에 정착하면서 그의 가슴앓이는 시작되었다. 눈을 뜰 때부터 해가 질 때까지 이 섬의 모습을 카메라에 담으며 헤매던 중, 2002년 자신이 루게릭병에 걸렸다는 청천벽력같은 진단을 받게 된다. 영상 속에서 만난 그는 야윌 대로 야위어 있었고, 어눌한 말투를 하고 있었다. 더 이상 사진을 찍을 수 없는 상태가 된 것이다. 그러면서도 제주에 대한 사랑과 열정은 반짝이는 눈빛 속에 담겨 있었다. 20년 가까이 매일 쉬지 않고 꾸준히 제주도를 담아왔으며, 밥은 굶더라도 필름 살 돈은 남겨둘 정도로 열정적인 그였다. 모르긴 해도 아마 어마어마한 양의 필름을 소장하고 있었을 것이다. 그럼에도 불구하고 그는 평생을 다해도 이 섬의 다양한 모습을 담아내지 못할 것이라고 말하고 있었다. 더 이상 사진을 찍지 못한다는 것을 알았을 때 그의 바람은 그저 소박했다. 미처 발표하지 못한 필름들을 손수 정리하고 싶다는 것이었다. 서터를 누를 당시 느꼈던 감성과 의도한 바를 명확히 아는 사람은 자기 자신 뿐이기 때문이다. 물론, 그 작은 바람조차도 이루지 못하고 그는 세상을 떠났다. 하지만 반평생을 사진과 함께 살아왔듯, 여전히 그는 자신의 사진 속에서 살아 숨 쉬고 있지 않을까. 누군가가 한 말이 문득 생각난다. 그의 사진에서는 바람이 느껴진다고.

제2전시관인 하날오름관에서는 중산간을 지키고 있는 또 다른 오름들을

용눈이오름,
바람에 실려 보낸

사진 속에서나마 만날 수 있다. 은은한 조명 아래 김영갑 선생의 사진들을 바라보고 있노라면, 명상에 잠긴 듯 마음이 고요해진다. 또한 그가 생전에 사용했던 작업실도 엿볼 수 있다. 그가 보아오던 책들이 한 쪽 벽면의 책장을 빼곡히 채우고 있고, 그의 손때가 묻은 다양한 종류의 카메라들이 곳곳에 전시되어 있다. 입구와 통하는 아트샵에서는 그의 작품이 담긴 엽서와 액자, 저서들을 구입할 수 있다.

김영갑 선생은 투병생활을 시작한 지 6년 만에 이곳 두모악에 잠들었다. 그의 유골은 갤러리 뒷마당 은행나무 아래 뿌려졌다. 뒷마당 한편에는 이곳을 방문한 이들이 쉬어갈 수 있도록 무인카페가 운영 중이다. 하지만 오늘은 문을 닫았다. 수돗물이 얼어 영업을 할 수 없다는 종이 안내문만 뚫어지게 쳐다보다 터덜터덜 발길을 돌린다. 갤러리를 나오는 나의 손에 책이 한 권 들려 있다. 엽서를 사려고 기웃거리던 아트샵에서 제목에 끌려 구입한 《그 섬에 내가 있었네》다.

김영갑 갤러리 두모악은 날씨가 조금만 추워도 수돗물이 얼어버릴 정도로 외진 곳에 자리하고 있다. 그는 생각했다. 문예회관처럼 대중적인 곳에 전시장을 만들어 놓는다 해도 어차피 찾아올 사람만 올 것이라고. 그럴 바에는 차라리 진정으로 무언가를 느낄 수 있는 사람들만이 찾을 수 있는 공간을 만들 거라고.

그의 진심은 통했다. 아무것도 볼 것 없던, 그래서 그저 한적하고 고요했던 어느 중산간 마을에 언젠가부터 사람들의 발길이 끊이지 않고 있다. 제주도에 대한 가련하고 애달프고 간절했던 한 예술가의 사랑이 그가 떠나고 난 후에야 비로소 빛을 내고 있는 것이다.

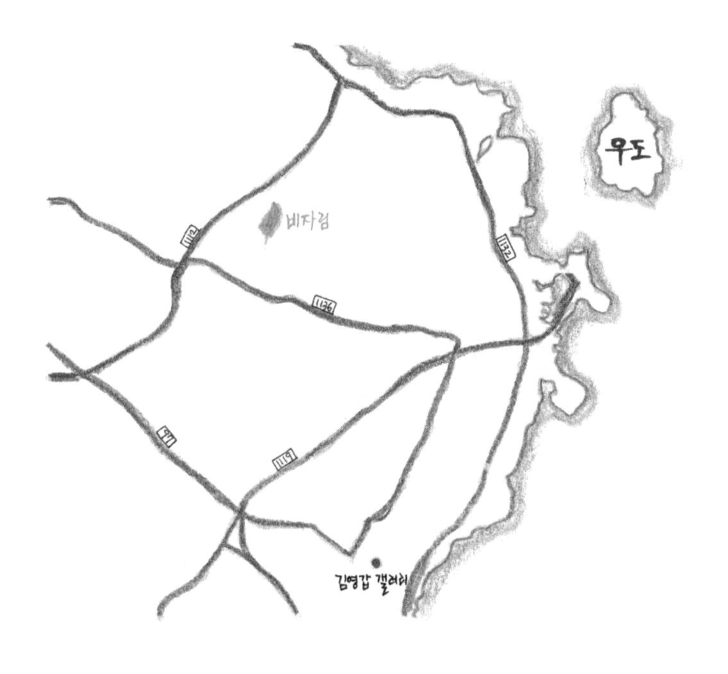

김영갑 갤러리 두모악(http://www.dumoak.co.kr/)에 가기 위해서는 동일주노선(701번) 버스를 타야 한다. 삼달2리 정류장에서 하차 후 김영갑 갤러리 이정표를 따라 20분쯤 걸어가거나, 길 중간에 보이는 버스 정류장에서 910번 읍면순환 버스를 탑승하면 된다. 갤러리는 오전 9시 30분부터 문을 연다. 보통 오후 6시까지 관람이 가능하며, 여름과 겨울철에는 연장 · 단축 운영이 된다. 매주 수요일과 명절 당일은 휴관, 입장료는 성인 기준 3,000원이다.

006

,

잠도둑이야?
밥도둑이야?

제주공항에서 표선까지 이동하는 사이, 날은 이미 어둑어둑 해졌다. 표선면사무소 앞에서 어슬렁대기를 10여 분, 소위 잘 나가는 스타들이나 탄다는 하얀색 밴이 도로 건너편에 멈춰 섰다. '설마...' 하며 눈치를 보고 있는데, 차에서 내린 여자가 나에게 손짓을 한다. 반가운 마음에 냉큼 달려가 꾸벅 인사를 하고는 안락한 뒷좌석에 올라탔다. 조수석에는 초등학생으로 보이는 남자아이가 타고 있었다. 올라타자마자 차는 목적지를 향해 달리기 시작했다. 제법 평탄한 일주도로를 지나 삼달리에 이르자 이번에는 어둡고 굽이진 길목으로 들어섰다. 전조등 불빛에 의지해 차는 조심스레 이동했고 잠시 후 어느 전원주택 앞에서 멈췄다. 며칠간 나의 집이 되어줄 '잠도둑 게스트하우스'다.

처음 잠도둑을 알게 된 건 지난 겨울, 김영갑 갤러리에서 나오며 버스를 타기 위해 정류장으로 향할 때였다. 한 치 앞도 보기 힘들만큼 흩날리는 눈발을 헤치며 걷고 있는데, 눈 덮인 나무 푯말 하나가 시야에 들어왔다.

'잠도둑 farm, Homestay, 동화작가의 집'
먼저 '잠도둑'이라는 이름이 입에 착 감겼다. 그 다음으로 '동화작가의 집'이라는 게 호기심을 자극했다. 그곳은 온통 초록의 숲으로 둘러싸였을 테고, 잔디가 깔린 넓은 마당을 가진 집일거야. 그리고 아이처럼 맑고 순수한 영혼을 가진 여주인이 살고 있겠지. 혼자 상상의 나래를 펼치며 미리 결정했다. 다음 여행의 숙소는 잠도둑이다!
하지만 여주인 혼자 살고 있을 거라는 예상과는 다르게 잠도둑은 아빠곰, 엄마곰 그리고 아기곰, (왠지 곰이라는 표현이 잘 어울리는 가족들) 이렇게 세 명의 단출한 가족이 살고 있었다. 이곳의 진짜 실세는 아기곰, 초등학생 아들 승규다. 예약 시 숙박비 입금계좌가 승규 이름으로 되어 있으니 더 말할 필요가 없다. 잠도둑이라는 이름도 승규가 지었는데, 이유는 단순하면서도 명확하다. 밥도둑이라는 말은 어디서 들어봤는지, "여기는 잠자는 데니까 잠도둑이라고 지으면 되겠네" 라고 했단다.
건축일을 하고 있는 아빠곰은 집을 지었다. 원래 식구들끼리 살던 집을 증축해 게스트들이 사용할 수 있는 공간을 만들고, 창고로 쓰던 공간을 사랑방으로 변신시켰다. 손수 자르고 다듬고 못을 박아 이 모든 것들을 만들어냈다니 신기할 따름이다. 특히 도미토리룸에 들어가 있는 2층 침대가 압권이다. 철제로 되어 있는 침대의 경우 2층을 오르내릴 때의 흔들림 때문에 잠자리를 뒤척이기 일쑤인데, 잠도둑의 침대는 사장님이 직접 나무로 짜내어 생김새는 투박하지만 견고하고 안정감이 있다. 사용

자를 배려해 오르내리기 쉽게 계단을 설계한 점도 무척 마음에 든다.
동화작가는 엄마곰이다. 사실 여러 편의 동화책을 출간한 이름 있는 작가는 아니다. 아이를 위해 착한 이야기를 만들고 싶었고 그러다보니 동화책을 한 편 내게 되었다고 했다. 뭔가 낚인 기분이 들었지만, 몇 권의 책을 내야 작가라는 타이틀을 달 수 있는지 따위 관심 없다. 대신 엄마곰은 하는 일이 아주 많다. 아침이 되면 게스트를 포함한 가족들을 위해 아침 식사를 준비하고, 식사가 끝나고 나면 청소를 하고, 청소가 끝나고 나면 농장에 나간다. 농장일을 하는 도중에 점심을 차리고 설거지를 하고 집안일을 하는 것들은 모두 생략한다 쳐도, 잠깐 낮잠 한숨 붙이고 나면 금세 또 저녁을 준비할 시간이 된다. 머릿속에 구상된 줄거리가 있음에도 글을 쓸 시간이 없을 정도로 하루 24시간이 모자라다.
제주도에 대한 정보들을 접하다보면, 얼마나 많은 게스트하우스가 생겨나고 사라지고 있는지 새삼 느낀다. 그 중에는 나름대로의 개성을 가지고 있어 눈길을 끄는 곳도 많다. 제주 고유의 돌담집을 개조해 전통미를 한껏 살린 곳이 있는가 하면, 여느 카페 못지않게 예쁘고 아기자기한 인테리어로 매력을 어필하는 곳도 있고, 저녁이 되면 바비큐파티를 열어 화기애애한 분위기를 만들거나 함께 투어를 하는 프로그램 등을 만들어 기호에 맞는 손님들을 끌어 모으기도 한다. 그렇다면 잠도둑은? 예쁘지는 않다. 주변에 높다란 야자수와 농장이 있어 이국적인 정취를 풍기기는 하나 평범한 제주도의 외진 농가주택일 뿐이다. 지속적으로 운영하고 있는 프로그램이나 톡톡 튀는 특별한 개성을 가진 것도 아니다. 하지만 장담하건대, 잠도둑에서 며칠만 머물면 뽀얗게 살이 올라 집으로 돌아갈 수 있다.

"배 안 고파?"
늦은 저녁 숙소에 도착한 여행자에게 던진 언니(나는 엄마곰을 이렇게 부른다)의 첫마디였다.
"괜찮아요."
"비행기 타고 버스 타고 오느라 저녁도 못 먹었을 거 아냐. 이따 배고프면 라면이라도 끓여먹어."
괜찮다며 손사래를 치는데도 한사코 라면을 꺼내 식탁위에 올려놓고 방으로 사라지는 언니를 보며 먼 길을 달려온 피로가 풀리는 기분이었다.

이튿날 아침, 눈앞에 펼쳐진 광경에 처음에는 적잖이 당황했다. "밥 먹자"는 소리에 거실로 나가보니 이미 상은 펴져 있고, 사장님과 승규가 자리를 잡고 앉아 날 기다리고 있는 것이 아닌가. 하룻밤을 지내고나니 어느새 난 이 집의 가족이 되어 있었다. 아침 메뉴는 가정식 백반이었다. 뜨끈한 쌀밥에 간간한 계란국, 아홉 가지의 반찬. 오랜 자취생활로 언제나 집밥이 그리웠던 나에게 이보다 더한 진수성찬은 없었다.
저녁에는 즉흥적인 소막(소주+막걸리) 파티가 벌어졌다. 낮에 친구분들과 바다에 나간 사장님이 낚아온 횟감을 앞에 두고 도란도란 이야기를 나누며 술잔을 부딪쳤다.
"소주랑 막걸리랑 섞어 먹어봤어? 이렇게 마시면 맛도 좋고 다음날 머리도 안 아파. 한 번 마셔봐."

사장님의 말은 순전 거짓이었다. 다음날 머리가 깨질 것 같이 아파 늦은 아침까지 침대신세를 지고 있는데 '똑똑' 언니가 문을 두드렸다.
"지혜야~ 일어나서 해장하고 자~."
그날 아침 메뉴는 멸치로 육수를 내고 계란과 김치, 김 고명을 듬뿍 얹은 잔치국수였다.

3개월 만에 다시 찾은 잠도둑에는 아주 조그마한 변화가 있었다. 남, 여 각각 한 개씩 있던 도미토리에 12인실이 하나 더 추가되었고, 게스트들만을 위한 휴게실도 따로 갖춰졌다. 사람만 보면 꼬리를 살랑대며 다가오던 사랑스러운 여우는 어느새 꼬물꼬물한 새끼를 여섯 마리나 낳아 의젓한 어미가 되어 있었다. 아, 여기서 여우는 잠도둑 마당에 서식하는 개를 말한다. 여우같이 생겨서 여우같은 짓만 한다고 여우라는 이름을 지어줬다. 여우가 낳은 녀석들 말고도 식구가 하나 더 늘었다. 하도 산만하게 굴어서 이름이 산만이가 된 입양견인데, 요 녀석은 사람들이 들고 날 때마다 마중과 배웅을 담당한다. 하나 여전히 변하지 않은 것은 언니의 밥상 인심이다.
숙소에 도착했을 때 언니는 어김없이 저녁준비에 한창이었다. 오늘은 아귀찜을 했단다. 여행 가이드 일을 하면서, 일 없는 날이면 꼭 잠도둑에 와서 쉬고 간다 하여 방장이라는 별명까지 붙은 형님이 사온 아귀로 요리

를 한 것이다. 저녁식사를 마치자마자 소막파티가 벌어졌다. 잠시 부엌에 다녀오겠다던 언니의 손에는 참치회 한 접시가 들려 있었고, 우리는 벌떼같이 달려들어 홀랑 접시를 바닥냈다. 서울에서 맛보던 냉동 참치와는 비교도 할 수 없을 정도로 부드럽고 야들야들했다. 다음날에는 마당에 있는 돌판에 닭갈비를 구웠다. 해안지방 특유의 습한 기운을 머금고 있으면서도 선선한 바람이 불어오는 계절, 야외에서 먹는 닭갈비는 꿀같이 달았다. 셋째날 저녁에는 오랜만에 칼질을 했다. 먹고 또 먹어도 끝이 보이지 않을 만큼 큰 왕돈가스를 다 해치우느라 배가 찢어질 것만 같았다. 언니가 직접 만들었다는 수제 소스에서 국민학교(나는 국민학교 세대) 때 생일날 친구들을 모아놓고 엄마가 직접 만들어줬던 그 돈가스 맛이 느껴졌다.

잠도둑에 오면 꼭 속병이 나고야 만다. 좋은 사람들과 함께이니 술을 뺄 수가 없는 탓이다. 이번에도 어김없었다. 저녁이 되어도 가실 줄 모르는 숙취에 밥을 뜨는 둥 마는 둥 하다 방으로 들어가 누웠는데, 잠시 후 방문을 두드리는 소리가 들렸다. 게스트하우스에서 처음 만난 형님이 친히 먼 길을 나서서 약을 사온 것이다. 괜한 마음을 쓰게 한 것 같아 미안하면서도 어떻게 이처럼 고마운 인연이 있을까 감동하고 말았다. 그리고 다음날 아침, 밥상에 오른 음식을 보고는 왈칵 눈물을 쏟을 뻔 했다.

"지혜가 속이 많이 안 좋은 것 같아서 언니가 전복죽을 끓였대~."

잠도둑 게스트하우스는 올레3코스에 자리하고 있으며, 주변 볼거리로는 김영갑 갤러리, 일출랜드, 신풍신천바다목장, 성읍민속마을, 표선 해비치, 섭지코지 등이 있다. 대중교통 이용시 동일주노선(701번) 버스를 타고 삼달2리 정류장 또는 신풍리 하동 정류장에서 하차 후 전화를 하면 픽업 가능하다.

- **주소** 서귀포시 성산읍 삼달리 148
- **문의** 010.6395.1337
- **네이버카페** http://cafe.naver.com/wkaehenrshdwkd.cafe
- **숙박요금** 도미토리 1인 20,000원(조식, 석식 포함)

007

,

우도는 봄이다

봄이다. 우도로 가야겠다고 생각했다. 무릇 우도의 봄은 참으로 화사할 것이다.

아침도 거르고 숙소를 나섰다. 성산항에서 우도로 가는 첫 배편은 오전 8시. 배 시간을 놓칠까봐 버스에서 내려 전력질주를 했고, 출항시간 5분을 남기고 겨우 항구에 도착할 수 있었다. 서둘러 매표를 하고 바로 배에 오르니, 북적일 거라는 예상과 달리 선내는 한산하다. 제주에서 우도까지는 엎어지면 코 닿을 거리! 멀어져 가는 성산 일출봉의 모습을 바라보고 있으면, 눈 깜짝할 새 우도다. 하우목동항을 관문으로 섬에 들어섰다.

우도에는 올레 1-1코스가 있다. 때로는 푸른 초원을 끼고 걷고, 때로는 검은 돌담을 허리에 두르고 걷기도 한다. 아름다운 쪽빛 바다를 질리도록 보고 싶었기에 교통수단을 이용하지 않기로 마음먹었다. 두 발로 길 위에 나설 작정이었다. 올레 지도 따위는 무시하고, 항구 오른쪽으로 난 길을 따라 무작정 걷기 시작했다.

처음 만나는 우도 바다의 물빛에 취해 한참을 걸었다. 여기저기 두리번대며 시야에 들어오는 풍경들을 카메라에 담느라 더딘 걸음을 걷다보니 어느새 홍조단괴해빈 해수욕장(예전에는 서빈백사(西濱白沙), 산호 해수욕장이라고 불렀다)이다. 우도 8경 중 하나인 홍조단괴해빈은 햇살이 스며들 때면 눈이 부셔 뜨지 못할 정도로 새하얀 모래가 매력적이다. 국내에서는 유일하게 우도에서만 만날 수 있는 풍경이라 하여 천연기념물로도 지정되어 있는 이곳은 홍조류가 바위 등에 몸을 붙이고 살기 위해 만들어내는 하얀 분비물과 조가비 가루들이 뒤섞여 청초한 분위기를 자아낸다. 물빛은 또 얼마나 맑은지, 대량의 청량음료를 부어 놓은 듯한 바닷물 속으로 산호초와 모래사장이 훤히 비친다. 보기만 해도 갈증이 해소되는 바다다.

신발을 벗어놓고 모래사장에 앉아 한참이나 바다를 바라보다, 마실나온 동네 강아지와 눈인사를 나누고는 다시 걸음을 옮겼다. 걷기 시작한 지한 시간 정도 지났을까? 천진항에 가까워오자 우도의 봄이 보이기 시작한다. 길가에 드문드문 피어난 유채꽃이 살랑살랑 마음을 간지럽힌다. 가장 좋아하는 꽃이 무엇이냐는 질문을 받으면 난 어김없이 안개꽃이라고 대답했었다. 한 송이일 때는 다소 초라해 보이는 꽃이지만, 다발로 엮었을 때 느껴지는 그 은은한 분위기가 좋다. 더불어 다른 꽃들을 더욱 아름답게 빛내주는 안개꽃만의 역할도 얼마나 아름다운가. 물론, 지금도 그 대답에는 변함이 없다. 하지만 여행을 즐기며 그에 못지 않게 좋아하게 된 꽃이 바로 유채꽃이다. 안개꽃이 조금은 잔잔하고 쓸쓸한 느낌이라면, 유채꽃은 봄날의 햇살처럼 화사하다. 하나가 아닌 여럿이 모였을 때 더 근사해 보이는 것은 안개꽃과 유채꽃의 닮은 점이다.
천진항 대합실 옆으로 난 길로 접어드니 작은 마을이 나타났다. 검은 돌담 안쪽으로 온통 노란색 물결, 유채꽃이 만발이다. 하지만 정작 관심을 끄는 것은 어느 집 안에서 들려오는 두런두런 말소리다. 마을 할머니들이 이야기를 나누고 있는데, 귀 기울여 봐도 도무지 알아들을 수가 없다. 역시나 제주도 방언은 어렵다. 그러는 사이 어느새 풍경이 잊혀진다. 마을을 나서는 길, 바다를 끼고 돌탑이 길게 이어졌다. 이곳을 찾은 사람들이 각자의 소원과 이름을 새겨 하나하나 쌓아올렸다. 미처 펜을 준비하지 못한 나는 입으로 소원을 읊조리며 작은 돌멩이를 하나 얹어본다.
우도봉이 모습을 드러내기 시작했다. 우도(牛島)라는 이름은 섬의 형태가 소의 누워있는 모습과 닮았다 하여 붙여졌다. 우도봉은 그 중에서도 소의 머리에 해당되는 부분이다. 그 아래, 툭툭 튀어나온 기암절벽과 먹돌이 깔린 해안이 절경을 이루는 자리에 소의 여물통이 있다. 일명 톨칸이.

제주 방언으로 촐까니라고 부르는데, 촐은 건초, 까니는 소나 말에게 먹이를 담아주는 큰 그릇을 가리킨다. 제주 방언은 발음 자체가 참 재밌다. 톨칸이 근처에서 한 번 길을 잃었다. 발길 닿는 대로 걸었더니 어느새 방향 감각이 무뎌졌고, 아무리 두리번대 봐도 사람이 다니는 길은 보이지 않았다. 하는 수 없이 유채꽃밭을 가로질러 사람들 소리가 들리는 곳으로 향하니 이내 다시 길이 나타났다. 시멘트 길을 따라 헥헥대며 오르막을 오르고 나자 우도봉 입구다. 슬슬 땀이 나고 갈증이 올라올 때쯤, 입구에서 팔고 있는 땅콩 아이스크림에 시선이 꽂혔다. 평소 군것질을 즐기지 않을 뿐더러, 길에서는 더더욱 자제하는 편이지만 이번에는 돗 참겠다. 카메라를 목에 걸고 한 손에는 플라스틱 수저, 또 다른 한 손에는 아이스크림을 들고 우도봉으로 향한다. 우도 땅콩은 알맹이는 작지만 고소하기로 유명하다. 재료가 좋으니 아이스크림 맛은 두 말하면 잔소리. 달

지도 않고 고소한 것이 참 기특한 맛이다.
남은 아이스크림이 묻은 숟가락을 쭉쭉 빨며 우도봉에 이르자 드넓은 초원이 펼쳐진다. 우도 8경 중 하나인 지두청사(地頭青莎). '섬의 머리, 푸른 잔디'라는 의미다. 넓게 펼쳐진 잔디와 쪽빛 바다, 섬에 자리 잡은 아기자기한 마을들은 물론, 성산일출봉의 크라운까지 조망할 수 있는 명당에는 아직 봄이 이른지 메마른 건초들이 깔려있다. 너른 들판에는 한가로이 말을 타고 노니는 사람들과 수학여행을 온 학생들이 생기를 더한다.
바람을 맞으며 등대전망대로 오르다, 잠시 숨을 고르고 전망을 내려다본다. 우도봉 바로 아래 항구의 모습과 알록달록한 지붕을 이고 있는 마을들, 푸르다 못해 검은 바다, 물살을 가르며 오가는 새하얀 배들, 그리고 바다 너머 제주 섬의 모습이 파노라마처럼 펼쳐진다. 앞서 가던 어머님들은 바다 건너 보이는 성산일출봉을 향해 두 손을 정성스럽게 모으고

눈을 지그시 감은 채 한참이나 무언가를 읊조린다. 왠지 성산일출봉이 신성하게 느껴지는 풍경이다.
등대전망대에 이르자, 우도의 동쪽 해안이 내려다보인다. 그 반대편에는 말들이 뛰어노는 망동산도 눈에 들어온다. 우도 등대는 원래 우도 해역을 항해하는 선박을 안내하던 길잡이였다. 97년이라는 긴 세월 동안 자신이 맡은 바를 묵묵히 해내고, 현재는 고이 자리를 보존하고 있다. 잠시 쉬었다 갈 요량으로 등대에 기대어 앉았는데, 마침 흘러나오는 라디오 DJ의 멘트가 마음을 간지럽힌다.
"봄이라는 계절은 볼 것이 많아 봄이라는 이름이 붙었다죠~."
아하! 의미를 알고 보니 더욱 어여쁜 이름이다. 그렇다면 지금 내가 서 있는 이 곳 우도라는 섬도 봄이라 불러야겠다. 꽃과 나무, 풀, 바람, 그리고 바다, 산, 들, 집, 갈대, 논, 사람, 말... 참 볼 것이 많다. 이 아름다운 경치를 앞에 두고 등대 아래 앉아 잔잔한 바람을 맞고 있으니 향긋한 커피 한 잔이 생각나는구나. 커피 맛도 모르면서...

다시 자리를 툴툴 털고 일어나 올라왔던 반대편 길을 따라 검멀레 해변으로 향한다. '검다'라는 의미의 '검'과 '모래'의 와전된 발음 '멀레'가 만나 검멀레가 되었다. 검은 모래 해변이라는 뜻이다. 그 앞을 지나가는데 한 아저씨가 말을 걸어온다. 보트를 타라는 것이다. 평소 체험 위주의 여행은 선호하지 않을 뿐더러, 꼬드김에 넘어갈 정도로 귀가 얇은 편도 아닌데 이번에는 혹하고 말았다. 육지에서는 볼 수 없는 비경들을 만날 수 있다는 말에 도저히 그냥 지나칠 수 없었다. 구명조끼를 입고 배에 오르자, 보트는 하얀 포말을 일으키며 무서운 속도로 바다 위를 빙글빙글 돌기 시작한다. 롤러코스터를 탄 것보다 더한 스릴감에 눈도 제대로 뜨지 못하고 한참이나 비명을 질렀다. 보트는 무서운 속도로 바다를 질주하는가 싶더니 이내 미끄러지듯 동굴을 통과했고, 절벽 아래 멈춰 절경을 보여준다. 이때 안내하시는 분의 위트 섞인 해설이 더해지는데, 웃고 감탄하느라 짧은 20분이 순식간에 지나간다.

보트를 타야 볼 수 있는 우도의 비경은 총 네 가지다. 첫째로 '낮에 볼 수 있는 밝은 달' 이라는 의미를 가진 '주간명월(晝間明月)'. 우도봉의 남쪽 기슭에 있는 해식동굴에는 한 낮에 달이 둥실 떠오른다. 물론, 진짜 달은 아니다. 오전 10시에서 11시경, 안으로 들어온 햇빛에 반사된 동굴의 천장이 영락없이 달 모양으로 보이는 것이다. 제주도민들은 이것을 '달그린안' 이라는 예쁜 이름으로 부른다.

두 번째로 볼 수 있는 비경은 '동안경굴(東岸鏡屈)' 이다. 이는 검멀레 해변 끄트머리 절벽 아래 고래가 살았다 하여 붙여진 이름으로, 썰물 때에만 굴 안으로 들어갈 수 있다. 해마다 동굴음악회가 열리기도 한다는데, 동굴의 울림으로 번지는 선율은 얼마나 아름다울지 자못 궁금하다.

세 번째는 '전포망도(前浦望島)' 로, 제주도와 우도 사이에서만 볼 수 있는 우도의 경관이다. 물 위에 소가 누워 있는 형상을 상상해볼 수 있다.

마지막으로 '후해석벽(後海石壁).' 이는 우도봉의 기암절벽이다. 오랜 세월 풍파에 깎인 단층 사이사이 깊은 주름살 같은 흔적을 볼 수 있다.

이 모든 비경들을 차례로 감상하고 나면 보트는 다시 선착장으로 돌아오며, 출발할 때와 같이 또 한 번의 스릴만점 롤러코스터로 마무리를 짓는다. 우도 8경 중 절반을 바다에서 만날 수 있다. 거금 1만 원을 투자해도 절대 아깝지 않을 체험이다.

보트투어가 끝나자 시간이 촉박해지기 시작했다. 보통 걸어서 우도를 둘러보는 데는 4~5시간이 소요되는데 나는 비양도까지 오는 데만 4시간이 걸렸다. 아직 섬의 반도 못 본 셈이다. 이 속도대로라면 막배를 못 타겠다 싶어 검멀레에서 비양도 입구까지는 쉼 없이 걸었다.

사실 처음 우도 지도를 보고 고개를 갸웃했었다. 비양도라면 제주도의

북서쪽 협재 해수욕장에서 내다보이는 섬인데 우도에 있다니... 알고 보니 이름만 같았다. 시멘트 다리로 연결된 우도 속 비양도는 그저 작은 마을일 뿐, 큰 볼거리는 없었다. 비양도 안의 망대에서 내려다보는 경치가 제법이라지만, 굳이 올라가보지 않았다. 그저 바다 앞에 쳐 놓은 노란 텐트의 주인이 부러울 뿐이다. 시간에 쫓길 필요가 없는 그 여유가 부럽다.

비양도를 지나 해변을 따라 걷다보면 하고수동 해수욕장이 있다. 5시간 동안 우도 바다의 아름다운 빛깔에 감탄을 하며 걸었음에도 불구하고 이곳에 이르니 새삼 또 한 번 바다색에 감동하게 된다. 이보다 더 청명한 바다가 또 있을까? 보통은 우도 8경 중 '서빈백사'를 우도 최고의 경관으로 꼽지만, 나는 감히 하고수동 해수욕장을 으뜸으로 치겠다.

일단 점심끼니를 때우기 위해 미리 점찍어 두었던 해광식당으로 들어갔다. 혼자 여행을 하다보면 음식점에서는 그다지 환영을 받지 못하는 터라 걱정했는데, 우려가 현실이 되었다. 메뉴판에 '면 종류는 2인 기준'이라는 문구가 눈에 들어왔기 때문이다. 언제나처럼 1인분은 주문을 받지 않는다고 퇴짜를 맞을까봐 불안해하며 이모님을 불렀는데, 다행히도 이번에는 성공이다. 점심시간이 지나서 빈 테이블이 많아서일 것이다. 단돈 7,000원에 양까지 푸짐한 보말칼국수가 내어졌다. 마지막에 볶아주는 밥은 그 고소함이 일품이다.

든든하게 식사를 마치고 포만감을 느끼며 해변 앞 벤치에 자리를 잡고 앉았다. 커피라도 한 잔 들고 있으면 좋으련만, 그냥 빈손이다. 근처에 카페가 있기는 하지만, 귀찮아서 그냥 멍하니 앉아 해변을 바라본다. 지금껏 지나쳐왔던 해변들에 비해 유난히 사람들이 많다. 그들을 바라보고 있자니, 문득 외로워진다. 연인, 가족, 친구와 함께 온 여행객들 틈에서 나만 혼자다. 그럼에도 불구하고, 쉽게 발길이 떨어지지 않을 만큼 하고수동 해변은 예쁘다. 백사장에 세워진 해녀상은 이곳의 또 다른 볼거리다. 세계에서 가장 큰 해녀석이란다. 안내 표지판에 해녀 나이가 70세라고 적힌 것을 보니 아주 오래전부터 이 자리에 있었나보다. 여행객들은 저마다 나이 많은 해녀와 함께 기념사진을 남긴다.

하고수동을 벗어나자 점점 풍경이 심심해지기 시작했다. 좋은 그림도 오래 보면 질리고, 좋은 음악도 자꾸 들으면 질리는 것과 비슷한 이치일까? 더 이상 감동이 없다. 이제는 그만 걷고 싶은데 딱히 교통수단이 없으니 마냥 두 다리에 의지할 수밖에. 영화 〈인어공

주〉 촬영 장소와 등대공원을 차례로 만나고, 마을 골목길을 지나 바다를 따라 걷다보니 다시 하우목동항이다. 지겹다 싶을 만큼 걸었다.
우도를 떠나며 왠지 모를 아쉬움이 몰려온다. 다음에는 섬에서 하룻밤을 지새봐야겠다. 관광객들이 빠져 나간 고요한 섬의 밤은 어떨까? 자못 궁금해진다.

제주에서 우도로 가기 위해서는 성산항에서 배편을 이용하면 된다. 종달리에서 가는 방법도 있기는 하나, 성산항에 비하면 배편이 적다. 성산항에서는 오전 8시 첫 배를 시작으로 한 시간에 한 대 꼴로 운항이 된다. 도착하는 항구는 요일과 시간에 따라 하우목동항이나 천진항으로 바뀐다. 배삯은 입장료를 포함하여 왕복 5,500원, 소요시간은 약 15분이다. 섬 안의 교통수단으로는 우도 순환버스가 있으며 항구에서 ATV나 스쿠터, 전동카, 자전거 등을 대여할 수 있다. 물론, 차를 가지고 들어갈 수도 있다.

008

,

때묻지 않은 그곳,
하도리마을

섭지코지에 갔었다. 바다가 내려다보이는 절벽 위에 드넓게 펼쳐진 초원, 그리고 조그마한 교회건물 한 채. 드라마 〈올인〉에서 보았던 그림 같은 풍경을 상상했었다. 하지만 그곳은 이미 내가 꿈꾸던 섭지코지가 아니었다. 입구에서 만난 삭막한 아스팔트길과 시멘트 건물은 위압감이 들게 했다. 골프연습장, 리조트, 그외 부수적인 시설들까지 모두가 눈엣가시였다. 바람의 언덕으로 가는 길에서는 가슴이 아려왔다. 초원을 뛰어다녀야 할 말들이 딱딱한 시멘트 길에서 마차를 끌고 있는 모습이 유난히도 지쳐보였기 때문이다. 바람의 언덕에 이르러서는 그나마 마음이 편안해졌다. 수풀 사이에서 한가로이 노니는 말들과 화사한 유채꽃을 보니 눈이 행복해졌다. 역시 나를 위로해주는 것은 자연뿐이었다. 하지만 그것도 잠시, 등대전망대에 오르자 쌓였던 감정이 폭발하고야 말았다. 세계적인 건축가가 설계했다는 건물이 떡하니 성산일출봉을 가로막고 서 있는 것이 아닌가. '왜 하필 저 자리여야 했을까?' 화가 치밀어

올랐다. 건축학적으로는 어떠한 평가를 받을지 모르나, 성산일출봉 관망권을 이렇게 뺏기고 나니 억울하기 짝이 없었다.

짧다면 짧은 2년 동안 여러 차례의 여행을 통해, 제주도가 무서운 속도로 변해가고 있다는 것을 느낄 수 있었다. 내가 좋아했던 장소에 인공구조물이 생겨나는가 하면, 포근했던 흙길에 아스팔트가 깔리고, 인적이 드물어 더 편하게 찾을 수 있었던 곳들이 불편해지는 모습들을 지켜보며 가슴 한편이 공허해졌다. 그러한 변화 속에서도 하도리 마을은 때묻지 않은 순수함으로 나의 공허함을 달래준 곳이다. 검은 현무암 돌담이 가는 길목마다 정겨움을 더하고, 밤이면 가로등 불빛보다는 달빛과 별빛에 의존하게 되며, 하루 세 번 바다색이 변하는... 내가 아는 한, 제주도에서 가장 순수하고 사랑스러운 해안마을이 이곳 하도리다.

하도리 해변에 자리한 별방 펜션에서 1박을 하기로 한 날이다. 버스 정류장에서 숙소까지는 걸어서 20분 거리. 평소 같으면 스마트폰 어플을 활용했겠지만 오늘은 그마저도 귀찮아 발길 닿는 대로 걸어보기로 한다. 시간은 남아돌고 날씨는 쾌청하니 이대로 헤매보는 것도 좋을 거 같다. 여행이라는 것을 시작한 지 4년 여가 되었으니, 이제는 제법 길을 잃는 일에 익숙해질 때도 되었다. 헤맴 속에 만나게 되는 우연한 풍경과 사람들이 때로는 계획했던 길에서보다 더 값진 추억을 만들어주기도 한다.

커다란 생태습지를 만나기 전까지는 사실 특별한 풍경이나 사건은 없었다. 황금색 털빛에 곱고 늘씬한 자태를 지닌 강아지를 만나 잠깐 눈인사를 나누고, 녹이 슬어 칠이 벗겨진 노란 컨테이너 박스에 자리를 튼 초록 담쟁이넝쿨이 예뻐 잠시 발길을 멈추고 서성였으며, 골목 모퉁이에서는 스쿠터를 타고 달리던 아주머니의 모자가 벗겨져 주워드린 게 다였다. 겨우 이 정도의 그저 소소한 일들이었다.

골목길을 돌고 돌아 마을을 빠져나오자 꽤 널찍한 규모의 생태습지가 눈앞에 펼쳐졌다. 이런 곳이 다 있었다니! 찾고 찾아도 자꾸만 새로운 모습을 보여주는 제주도에 또 한 번 감동하고 말았다. 민물과 바닷물이 합쳐진 물속은 그 깊이를 알 수 없으나 청명한 바다색을 닮았다. 군데군데에

는 푸르른 이끼가 쌓여 섬이 만들어졌으며, 주변에 무성한 갈대숲은 새들의 은신처가 되어줄 것이다. 이곳은 겨울이면 수많은 철새들이 찾아온다. 저어새를 비롯해 물수리, 흰꼬리수리, 참매, 도요새, 기러기 등 수천 마리의 새들이 겨울을 나는 장소다. 하지만 7월의 습지에는 대여섯 마리의 백로만이 노닐고 있다. '쉬이~쉬이~' 바람결을 타고 서로의 몸을 비벼대는 갈대들의 속삭임이 들려온다.

습지를 따라 바다를 향해 걷다보니 어느덧 하도리 해수욕장이다. 제주도의 바다색이야 어딘들 아름답지 않겠냐만, 하도리 해변의 물빛을 보니 또 설레고 만다. 손끝으로 비비면 부서질 것처럼 곱디고운 모래가 펼쳐진 백사장과 멀리까지 나가도 허리에나 닿을까 싶을 정도로 얕은 바다 풍경에 진부하게도 사랑스럽다는 표현만 맴돈다. 하도리 해수욕장은 간조대가 넓고 수심이 얕아 아이가 있는 가족단위 여행객들에게 좋다. 썰물 때가 되면 물 빠져나간 자리에 문어와 조개들이 잡히기도 한다. 그야말로 자연의 보고다. 사실 개인적으로 하도리를 편애하는 이유는 따로 있다. 해변 주변으로 즐비한 음식점이나 상업시설 대신 운치 있는 정자 하나가 덩그러니 놓여 있어 한여름에도 고요하고 한적하니, 어지러운 마음을 내려놓고 머물기에 좋다.

숙소를 찾아가는 동안 걷다 멈추기를 여러 번. 깊고 푸른 하늘과 그 위를 수놓은 동글동글한 뭉게구름들, 그리고 비취색의 바다에 푹 빠져들었다. 숙소에 도착해 체크인하는 동안에는 사장님의 하도리 찬양을 들어야 했다. 아침, 점심, 저녁 시시각각 다른 매력의 바다를 볼 수 있다는 말에 반신반의했지만, 실제로 하룻밤을 지내보고 고개를 끄덕일 수 있었다. 배정받은 객실에서는 넓은 유리창 너머로 바다가 한가득이었다. 그렇게 해가 질 무렵까지 방안에 콕 틀어박혀 바다에 잠겨 있었다.

해가 뉘엿뉘엿 지고 있는 늦은 오후, 저녁을 먹기 위해 밥집을 찾았다. 매번 말로만 한 번 만나자 했던 동생이 마침 제주도에 와 있었고, 이쪽으로 올 일이 있다 하여 저녁이나 같이 먹기로 했다. 동생과 나는 약속이나 한 듯 같은 곳을 가고사 했다. 오픈한 지 얼마 안 됐는데, 독특하고 아기자기한 인테리어와 맛있는 밥상으로 입소문이 나기 시작한 '쿠리의 별'.

숙소 앞까지 픽업을 와준 동생 차를 타고 편하게 이동했다. 내비게이션에 주소를 입력하고 찾아가는데, 자꾸만 외진 길로 안내를 하는 통에 불안하더니, 이런 곳에 밥집이 있을까 싶을 때쯤 쿠리의 별이 모습을 드러냈다. 예상했던 대로 검은 지붕과 담장에 알록달록한 컬러를 입혀 포인트를 준 외관이 참 아기자기하다. 안쪽으로 들어가기 위해 문을 열려다 말고 커다란 가위를 문고리로 삼은 센스에 웃음이 터졌다.
쿠리의 별은 제주도 고유의 돌집을 리모델링해 만들었다. 여행을 즐기던 젊은 부부가 하나하나 직접 공을 들여가며 집을 완성해 나갔고, 인도여행 중 쿠리사막에서 올려다보았던 별을 추억하며 상호를 지었다. 테이블은 4인용, 4개뿐이다. 메뉴는 선택의 여지 없이 제주산 흑돼지쌈밥 단일 메뉴다. 음식을 주문하고 나자 쿠리네 부부는 부엌에서 분주하게 움직이

기 시작했고, 나는 쿠리의 별을 샅샅이 훑었다. 여기저기 아기자기한 소품들을 보물찾기 하듯 찾아내다가 문득 궁금해졌다.
"이런 소품들은 어디서 가져온 거예요?"
"여행을 다니면서 모은 것들이에요."
주인장의 간단명료한 답변을 듣고 나니 문득 그네들이 부러워졌다. 자유롭게 세상을 배회하다 결국 이 아름다운 제주 땅에 둥지를 틀었으니 말이다. 둘이서 준비하느라 시간이 걸릴 수 있으니 천천히 기다려 달라는 주인장의 당부가 무색하게도 테이블은 금세 채워지기 시작했다. 쿠리의 별에서는 제주도산 친환경재료들과 손수 만든 양념을 사용하는 착한 밥상을 내놓는다. 쿠리네 할머니가 한 장 한 장 찹쌀풀을 발라 손수 만든 김부각, 제주도에서 나는 물외를 직접 만든 고추장으로 무쳐낸 물외고추장무침, 제주시 구좌읍에서 캐낸 감자를 집간장으로 조려낸 감자간장조림 등 정갈하고 깔끔한 반찬들이 먼저 내어졌다. 제주산 톳을 넣어 지어낸 톳밥은 보기만 해도 건강해지는 기분이다. 직접 우려낸 육수에 집된장을 풀어 바로 끓여낸 된장찌개에는 구수함이 가득하고, 싱싱한 야채와 모짜렐라 치즈가 듬뿍 들어간 샐러드는 상큼하게 입맛을 돋운다. 쌈야채 하나하나 친환경 유기농으로, 텃밭에서 직접 가꾸고 길러낸 것들을 사용한다고 하니 이쯤 되면 제주도의 자연을 그대로 담은 밥상이라는 표현이 어색하지 않다. 보기 좋은 떡이 먹기도 좋다고 했다. 테이블 소품들과 그릇들까지 예뻐서 눈까지 즐거워지는 식탁이다.
만족스러운 식사에 더해 맥주 한 잔 걸치고 숙소로 돌아오니 어느새 어둑어둑한 밤이다. 하도리의 옛 이름은 별방(別防)이었다. 오래전 왜구의

침입을 막기 위한 별방진이 세워졌기 때문에 붙여진 이름이다. 하지만 나는 밤하늘에 빛나는 별에 빗대어 '별방(星房)'이라는 의미를 붙여본다. 붉은 노을마저 산산이 흩어진 후 어둠이 내린 밤, 낮의 청명함과는 또 다른 색을 입은 검푸른 바다가 달빛과 별빛에 반짝이고 있다. 가로등 불빛조차 드문 거리에 어둠이 짙은 까닭인지, 하늘에서 부서져내린 빛이 유난히도 밝다.

동일주노선(701번) 버스를 타고 하도리 창흥동 정류장에서 하차, 20분 정도 걸으면 하도리 해수욕장이다. 쿠리의 별은 오후 12시에 문을 열어 밤 9시까지 영업을 하며, 4시부터 6시까지는 브레이크타임이다. 정해진 휴무일은 없으나, 날씨나 주인장의 사정에 따라 쉬기도 한다. 반드시 전화를 해보고 찾아갈 것.
긴 휴가에 들어갔던 쿠리의 별이 다시 문을 열며 메뉴에도 변화가 생겼다. 쿠리네 할머니께서 담근 구수한 집된장과 싱싱한 전복이 어우러진 전복 강된장 비빔밥, 톳과 새싹야채에 집고추장을 곁들인 톳비빔밥, 제주 돌문어와 계란을 함께 쪄낸 문어 계란찜이 추가되었다.

쿠리의 별 http://blog.naver.com/omapl
• **주소** 제주시 구좌읍 하도리 1958-1번지 • **문의** 010.8898.9428

009

,

당신께 추천하고 싶은 전망,
지미봉

"전망 좋은 곳 좀 추천해줘 봐."
제주도로 여행을 떠난 친구에게서 전화가 왔다.
"나 백만 년만에 제주도 왔잖아~."
아주 오랜만에 밟은 제주 땅이라 무척이나 설렌단다. 가능하면 사람들 북적대는 관광명소가 아닌, 알려지지 않은 숨은 비경들을 찾아보고 싶다는 말을 덧붙였다. 그 중 전망이 끝내주는 곳을 추천해달라는 말에 나는 일말의 망설임도 없이 지미봉을 얘기했다.
"전망은 지미봉이 짱이지~. 정상에 올라가면 우도랑 성산일출봉이 한눈에 보이는데, 지금껏 올랐던 오름들 중에서 전망이 젤 좋았던 것 같아."

제주도에는 368개의 오름이 있는 것으로 알려져 있다. 하루에 1개씩 1년 365일을 오른다고 해도 다 못 오를 정도로 많은 숫자다. 공식적인 집계 안에 포함되지 않은 오름들이 더 있을 것으로 예상되니, 그 수를 헤아리기는 힘들다. 그 많은 오름들 중 한 번씩이라도 찾았던 곳들을 꼽으라면, 거문오름, 용눈이오름, 새별오름, 아부오름, 붉은오름, 도두봉, 서우봉, 식산봉, 알오름, 절물오름 등등... 그 중 최고의 전망을 꼽으라면 단연 지미봉이다. 선뜻 엄지손가락을 치켜올릴 만하다.

하도리에서 하룻밤을 보내고 난 다음날 아침, 예정대로라면 동이 트기 전 지미봉에 오를 작정이었다. 정상에 올라 떠오르는 해를 맞이하고 싶었지만, 숙소가 있는 하도리 해수욕장에서부터 지미봉까지는 다소 외진 길! 새벽녘 여자 혼자 걷기에는 조금 위험할 것 같았다. 언젠가 한 여성이 홀로 올레길을 걷다 끔찍한 일을 당한 이후로는 나의 여행길도 조심스러워졌다. 어차피 운명은 다 정해져 있다 믿는 편이지만, 조심해서 나쁠 것은 없지 않나.

일찍 눈을 떴지만 동이 터오기를 기다렸다가, 오전 8시가 되어서야 숙소를 나섰다. 정신이 번뜩 들게 하는 습하고도 신선한 아침 공기와 이보다 더 푸를 수 있을까 싶을 정도로 파란 하늘이 무색하게도 사람 그림자라곤 코빼기도 찾아볼 수 없어 헛헛한 마음이 앞선다. 밟고 가는 곳은 길이요, 돌담 너머는 밭이니, 지미봉으로 향하는 길목에는 길과 밭들만 이어진다. 가지런히 갈아놓은 검은 밭들은 수확이 끝나 텅텅 비어 있다. 풀벌레 우는 소리와 새들의 지저귐만이 이 고요한 여정을 깨운다.

지미봉은 해발 165.8m로 그다지 높지 않다. 정상까지는 고작 20분이면 닿을 정도로 가깝지만, 가파른 경사도 때문에 결코 호락호락하지 않은 길이다. 5분쯤 올랐을까? 벌써부터 가쁜 숨을 내쉬며 쉬다 걷기를 반복한다.

제주도의 오름은 크게 두 분류로 나눌 수 있다. 울창한 숲을 가진 오름과 키 작은 풀로만 뒤덮여 민둥한 곳이다. 지미봉은 전자에 속한다. 게다가 사람의 손을 타지 않은 원시림에는 들쑥날쑥 초목이 솟아 있어, 정상과 가까운 지점에 이르면 길의 경계를 찾기도 힘들 정도다. 반바지를 입은 것이 실수였다. 긴 바지를 입으면 덥고 습한 여름날의 섬 날씨를 이겨내지 못할 것 같아 짧은 옷을 고집했건만, 독하디 독한 모기들이 다리를 집

중 공격해댄다. 설상가상으로 풀에 쓸린 살갗은 상처투성이가 되고 말았다. 이미 정상에 올랐다 내려오시던 한 어르신이 나의 지친 기색을 읽었나보다. 지나가는 말로 기운을 돋궈주신다.
"좋은데 왔네~. 올라가면 경치가 끝내줘~."
"벌써 올라갔다 오시나 봐요."
"해 뜨는 거 보고 내려왔지~ 조심히 올라가쇼~."
"네. 고맙습니다!"
몇 마디 말을 주고받고는 계속해서 오르막을 걷는다. 하늘색 초소가 있는 것을 보니, 드디어 정상에 도착했나보다. 초소를 지나자 예상대로 지미봉의 최고봉에 이르렀다. "와~!!!!" 눈앞에 펼쳐진 시원스런 전망에 절로 탄성이 터져 나온다.
정상 아래쪽으로 난 계단을 내려가니 절벽 쪽으로 툭 튀어나와 있는 나무데크가 전망대 역할을 하고 있다. 바다 쪽에서 불어오는 끈적끈적한 바람결에 몸을 맡기고 천천히 고개를 돌려가며 발아래 전경을 내려다본다. 가장 먼저 눈에 들어오는 풍경은 위풍당당 성산일출봉과 소가 누운 듯한 형상을 하고 있는 우도다. 이 두 덩이의 피사체가 한 수면 위에 나란히 마주하고 있는 모습을 이처럼 가까이에서 볼 수 있는 오름은 지미봉뿐일 것이다.
육지 쪽으로는 검고 푸른 밭들이 자를 대고 그은 듯 정갈하게 모여 있다. 드넓은 대지 안에 알록달록한 지붕을 맞대고 자리 잡은 종달리 마을은 마치 레고 블록을 얹어 놓은 것처럼 귀엽다.
지미봉 정상에서는 동서남북 360도 파노라마 전망을 만날 수 있다. 성산

일출봉을 필두로 시계방향으로 시선을 돌리면 식산봉, 대수산봉, 두산봉을 차례로 지나 수많은 오름들이 솟아나 있는 중산간 지대가 펼쳐진다. 그 가운데 제주 땅을 굽어보고 있는 한라산의 모습이 아스라이 잡히는가 하면, 오름의 북쪽으로는 하도리 철새도래지와 저 멀리 월정리까지 시야에 들어온다. 이 모든 풍경이 어느 것 하나 눈에 거슬리는 것 없이 펼쳐지니 가슴 속까지 뻥 뚫리는 기분이다.

풍경에 취해 아예 땅바닥에 가부좌를 틀고 앉았다. 상쾌한 아침 공기를 만끽하며 느긋하게 쉬다 갈 요량이었건만, 느닷없이 먹구름이 몰려오더

니 빗방울이 떨어지기 시작한다. 그렇게 잠깐 굵은 빗방울이 '투둑투둑' 떨어지는가 싶더니 잠시 후에는 구름이 지나간 자리에 다시 해가 모습을 드러냈고, 하도리 마을 쪽으로 손에 닿을 듯 가까이 은은한 무지개가 걸렸다. 그렇게 두세 번 정도 하늘은 변덕을 부려댔다. 그러는 동안 난, 비가 오면 카메라가 젖지 않도록 숨기느라 바쁘고 먹구름이 걷히면 사진을 찍어대느라 신이 났다. 그러다 무지개가 걸리면 내 입도 귀에 걸렸다.

"아버님~! 무지개가 떴어요!" 얼마나 좋았으면 멀찌감치 떨어져 전망을 바라보고 있던 한 어르신에게 소리쳐 말을 건넸을까. 어르신은 대수롭지 않다는 듯 그저 고개를 몇 번 끄덕이고는 옅은 미소를 지어보일 뿐이었다. 현지분임에 틀림없다. 이 동네에서는 옆집 개가 마실 나온 것만큼이나 흔한 일인데 뭐 그리 호들갑이냐는 표정이다.

그 후로도 한참 사라졌다 나타났다 반복하는 무지개와 숨바꼭질을 하다 정상을 내려왔다. 몹시 고단하던 여름날의 여행 4일째, 간절했던 늦잠을 포기하고 길을 나서길 잘했다. 몸은 힘들었을 망정 마음은 참 산뜻한 산책길이었다. 이제 갓 잠에서 깨어나 이슬로 샤워를 마친 듯 그 어느 때보다 청초한 제주도의 속살을 품은 아침이었다.

나는 제주도의 매력에 한층 더 빠져들고야 말았다.

지미봉(제주시 구좌읍 종달리 산3-1) 정상으로 오르는 길은 종달리와 하도리, 양쪽에서 시작되며, 어느 길을 택할지는 각자의 선택에 달렸다. 해발이 높지는 않지만 양쪽 모두 경사도가 있어 수월한 편은 아니다. 편한 신발과 긴바지를 착용하는 것을 추천한다.

010

,

어머니의 품처럼 평온한 용눈이오름

아련하다고 해야 할까, 숙연해진다고 해야 할까.
용눈이오름을 생각하면 그렇다.
그 어떤............. 명확하게 규정지을 수 없는 그런 감정이 생긴다.
이러한 감정이 생긴 건 김영갑 갤러리에 다녀오고 나서부터였던 것 같다. 김영갑 선생의 제주도에 대한 외사랑은 지독했다. 그렇기에 타지인에 대한 갖은 눈치와 핍박에도 이 섬에 굳건히 남아 열정을 쏟아낼 수 있었을 것이다. 루게릭병에 걸려 혼자 힘으로는 도저히 움직일 수 없어지기 직전까지 그는 제주도의 곳곳을 카메라에 담았다. 그런 그가 유난히도 사랑한 장소가 바로 용눈이오름이다. 나도 그곳이 간절히 그리워지기 시작했다.

애매한 버스편 때문에 한 번 찾아가려면 큰맘을 먹어야 하는 용눈이오름이었다. 하지만 뚜벅이족에게도 드디어 때가 왔다. 지난 밤 게스트하우스에서 친해진 (오빠라고 하기엔 조금 어색한) 형님이 게스트하우스 식구들에게 제주투어를 시켜주겠다는 말에 사장님이 선뜻 차를 내주셨다.

"어디 가고 싶어?"

조식을 먹으며 각자 가고 싶은 곳들을 이야기하기 시작했고, 이때다 싶어 마음속에 접어두었던 희망여행지를 조심스레 꺼내놓았다.

"용눈이오름은 어때요?"

다행히 이견은 없었고, 첫 번째 코스로 용눈이오름이 정해졌다. 식사가 끝나자마자 준비를 마치고 차에 실려 용눈이오름으로 향했다. 내비게이션 없이 길을 찾느라 조금 헤매긴 했지만, 어렵지 않게 오름 아래 주차장까지 도착할 수 있었다. 앗! 그런데! 아래에서 올려다 본 오름의 높이가 만만치 않다. 지난 밤, 게스트하우스에서 막걸리 파티가 열렸고, 나는 어김없이 술과 분위기에 취했었다. 덕분에 숙취로 인한 속쓰림에 허덕이고 있는데, '과연 토하지 않고 정상까지 오를 수 있을까?' 걱정부터 앞선다.

아니나다를까, 식은땀은 삐질삐질, 속까지 메슥거리니 아주 죽을 맛이다. 길은 그다지 가파르지 않다. 지대가 높아질수록 바람은 더 시원해지고, 제주도의 맑은 기운에 차츰 몸도 마음도 안정되어간다. 정상에 가까워지자, 바람만큼이나 시원한 전망이 펼쳐진다. 엎어지면 코 닿을 듯 가까운 다랑쉬오름과 그 옆 다랑쉬오름의 축소판이라는 아끈다랑쉬오름을 필두로 여기저기 올록볼록 솟아 있는 오름들이 절경이다. 오름들 옆으로는 울창한 숲이 보이고, 구불구불 휘어진 도로도 눈에 들어온다. 초록의 대지 위에는 하얗고 거대한 바람개비가 빙글빙글 돌아간다. 바다의 습한 기운을 머금은 희뿌연 시야가 아쉽긴 하지만, 저 멀리 성산일출봉의 자리도 가늠할 수 있다.

용눈이오름! 이름만 들었을 때는 그 기개가 참 남성스러울 거라고 예상했었다. 하지만 직접 눈으로 확인한 이곳은 여성스럽기 그지없다. 괜히 '오름의 어머니'라고 부르는 게 아니었다. 정상에서 내려다본 오름의 중앙 부분은 한 겹, 두 겹, 세 겹으로 포개져 곱디고운 한복 치맛자락을 두른 듯하다. 또한 능선의 굴곡은 한없이 부드럽고 유약하여 보는 이로 하여금 마음 속 잔잔한 파동을 일으키게 한다. 마치 어머니 품에 안긴 듯 평온해진다. 문득 어쩌면 김영갑 선생이 이곳을 사랑했던 이유도 이 평온함 때문 아니었을까 하는 생각이 스쳐간다. 그의 지독한 외로움이 자꾸만 용눈이오름으로 향하게 했는지도 모르겠다.

풀밭에는 소의 배설물들이 지천으로 말라비틀어져 있지만, 그 와중에 깨끗한 자리를 찾아 '털썩' 주저앉고야 말았다. 잔잔하게 불어오는 바람을 타고 머리카락이 볼을 간질이는 통에 마음까지 간질간질하다. 옆에 서

있던 동생은 양 팔을 크게 벌리고 가슴으로 바람을 품는다.

"아~ 시원한 맥주 한 잔 생각나네."

"방금 전까지 속 쓰리다고 투덜대놓고 그새 또 술이 생각나요?"

핀잔을 들어도 좋다. 욕심 같아서는 캔 맥주 하나 손에 들고 하염없이 앉아 바람을 맞고 싶다. 하지만 오늘은 일행들이 있기에 자리를 털고 일어난다. 언젠가 갈대 무성한 가을날 홀로 조용히 찾아 아주 긴 시간, 어머니의 품에 안겨 쉬다 가리.

대부분의 오름은 대중교통으로 이동하기가 쉽지 않다. 그나마 용눈이오름은 버스 노선이 있다. 성산부두노선(710번 또는 710-1번) 버스가 용눈이오름 앞을 지나가는데, 반드시 송당을 경유하는 차편을 탑승해야 한다. 배차시간은 짧게는 1시간에서 길게는 1시간 30분으로 꽤 긴 편이다. 제주시에서는 약 1시간, 성산일출봉에서는 30분 정도 소요된다.

011

,

다정히 어루만지는 바다, 김녕 성세기해변

내게 김녕 바다는 악몽같은 기억으로 남아 있었다.
비바람이 거세게 몰아치는 어느 날, 버스를 타고 김녕에 갔었다. 눈이 부실 정도로 새하얀 백사장과 하늘을 닮은 새파란 바다를 품고 싶었지만, 비바람 속의 바다 앞에서 너무 많은 걸 바랬나 보다. 버스는 고여 있던 흙탕물을 가르며 물세례를 퍼붓고 떠나갔고, 펼쳐든 우산은 바람을 못 이겨 만세를 불렀다. 멀어지는 버스를 쫓아갈까 싶었지만 이미 때는 늦었고, '그래, 이왕 온 거 잠깐이라도 보고 가자.' 울고 싶은 마음을 간신히 진정시키며 해변으로 걸었다. 우산은 무용지물이었다. 자꾸만 뒤집어지는 통에 난 물에 빠진 생쥐 꼴이 되어갔고, 바람 방향에 맞춰 이리저리 우산을 틀어대느라 정신을 차릴 수가 없었다. 결국 해변 앞까지 가긴 했지만, 정자 위에 올라 잠시 비를 피하는 것 말고는 아무것도 할 수 없었다. 추위에 발발 떨며 반쯤 정신 나간 사람처럼 성난 바다를 바라보다 버스 정류장으로 돌아왔고, 버스를 기다리며 문득 서러워졌다. 도로를 질주하는 차들은 도로변에서 있는 사람은 안중에도 없다는 듯 고인 물을 튀겨대며 지나갔고, 난 그것을 피하느라 정신없었다. 불행 중 다행으로 버스는 일찌감치 도착했다.

한 달 만에 다시 김녕을 찾았다. 해변 앞에 있는 휴게소에 들러 음료수를 하나 사들고 바다로 나갔다. 날씨라는 게 참 사람 마음을 간사하게 만든다. 악몽 같았던 김녕은 이미 온데간데 없었다. 하늘은 물감을 칠해놓은 듯 파랗고, 바다 또한 반짝반짝 빛이 난다. 그래, 그동안 스쳐 지났던 김녕 해변은 바로 이런 모습이었어. 모래알이 이처럼 곱고 희다니, 새삼 감동이 밀려온다. 물 빠진 백사장에는 윤기가 좌르르 흐르며 오고가는 이들의 모습을 투영하고 있다. 겨울이 가고 봄이 성큼 다가왔고, 사람들은 그 봄을 만끽하고 있다. 아니, 김녕은 이미 초여름 바다다. 아이들은 신발을 벗고 옷을 걷어 올린 채 밀려드는 파도와 술래잡기를 하고, 엄마 아빠는 그 모습을 흐뭇하게 바라보다 덩달아 맨발이 되어 물속으로 뛰어든다. 연인들은 한없이 다정하다. 어깨동무를 하거나 허리에 팔을 두르고 나란히 해변을 걷는 커플이 여럿이다. 어느 젊은 커플은 모래 위에 서로의 이름을 새기며 흔적을 남긴다. 나는 바다 가까이 쪼그리고 앉아, 모래사장을 훑고 사라지는 파도를 가만히 들여다보고 있었다. 새삼 이 바다가 참 다정하다는 생각이 든다. 이처럼 잔잔하게 밀려오는 파도를 본 적이 없다. 마치 사랑하는 여인의 머리칼을 쓰다듬는 남자의 손길처럼 부드럽다. 고운 모래알이 다칠까 천천히, 그리고 아주 조심스레 어루만진다. 나의 마음까지 위로받는 움직임이다. 그렇게 한참을 앉아 바다를 바라보다 모래 위에 글귀 하나를 새겼다. '그냥 좋은 제주'라고.

바다 너머 저편에 빨간 등대가 서 있는 포구가 내내 눈에 들어왔었기에 길을 나섰다. 카메라를 들었다 내려놓았다 시선을 끄는 풍경을 만날 때마다 셔터를 눌러대며 걷고 있는데, 까만 승용차가 멈춰 선다. 창문이 열리자 안에는 두 명의 청년이 운전석과 조수석에 나란히 앉아 있다. 조수석의 남자는 관심 없다는 듯 앞만 응시하고 있고, 운전석에 앉은 청년이 말을 건넨다.

"어디서 왔어요?"

"서울에서요."

처음에는 알아들을 수 없는 제주 방언을 내뱉기에 "네?" 라고 되물었더니 표준어를 써서 다시 묻는다. 그러곤 그게 끝! 대답이 끝나기도 전에 다시 운전대를 잡고 쌩~ 가버렸다. 뭘 기대한 건 아니지만, 기분이 참 묘하다. 꼭 뒷모습 보고 말 걸었다가 얼굴 보고 내빼는 모양새잖아. 흥!

포구에 도착해 빨간 등대를 향해 걷고 있는데 또 뒤에서 누군가가 자꾸 말을 건다. 여기서 아는 사람을 만날 리 없는데, 말투가 꼭 친한 사람을 대하는 듯하다. 낚시를 하고 가자느니, 고기가 잘 잡히겠다느니. 뒤통수에 대고 계속 말을 거는 게 이상해 '별 이상한 사람 다 보겠다' 는 눈초리로 고개를 돌렸더니, 상대는 당황해 급히 사과를 한다.

"아, 죄송합니다. 난 우리 집사람인 줄 알고."

어쨌든 등대 앞에 섰다. 방파제 위에 서서 아래를 내려다보니 속이 훤히 비칠 정도로 투명한 바다가 있다. 그 바다가 이어져 육지와 맞닿은 곳에 김녕 해수욕장이 보이고, 그 왼쪽으로는 새하얀 풍력발전기가 돌아가는 행원리 마을이 시야에 들어온다. 빨간 등대가 서 있는 이곳은 김녕(동)포구다. 이미 포구의 기능은 상실했는지 어선은 눈에 띄지 않고 보트 두 대만 매어져 있을 뿐이다.
지나가던 어르신은 수심이 얕아 아이들 물놀이하기 딱 좋겠다며 여름을 기약한다.

제주도에는 제주 고유의 돌집을 개조한 아담하고 예쁜 카페들이 많지만, 대부분 예고 없이 문을 닫는 경우가 많아 먼저 문의를 해보는 게 좋다. 금속공예 공방과 함께 카페를 운영하고 있는 '다시방 프로젝트'에 전화를 해 문을 열었다는 답변을 듣고 김녕항 쪽으로 걸음을 옮겼다. 담쟁이넝쿨이 뒤덮은 돌담을 사이에 둔 골목길과 갈매기들이 떼로 모여 있는 갯가를 차례로 지나며 족히 20여 분은 걸었던 것 같다. 초록색 슬레이트 지붕 위에 'DASIBANG'이라는 까만 글씨가 새겨진 집 앞에 이르러, 묵직한 금속 문을 열고 들어서자 공방이 눈에 들어온다. 인기척을 느꼈는지 마당에서 뛰어놀고 있던 강아지가 먼저 달려와 인사를 건네고, 뒤이어 주인아가씨가 들어와 손님을 맞는다.
다시방 프로젝트는 제주도에서는 보기 드물게 파티 플래닝을 겸하고 있는 공방이자 카페다. 농가주택이었던 건물은 'ㄱ'자형의 안채와 바깥채로 배치되었으며, 안채는 작업실로, 바깥채는 카페로 쓰고 있다. 마당을 지나 들어선 카페는 마치 나를 위해 준비된 듯 텅 비어 있었다. 주방 쪽 작은 창 너머로 바다가 보이는 곳에 자리를 잡은 후, 시원한 바닐라 라떼와 석류피자를 주문해놓고 공방을 구경했다. 공예를 하는 사람이라면 누구나 탐낼 만한 작업공간이다. 한가운데 난로가 놓인 나무마루는 발을

디딜 때마다 삐걱삐걱 소리를 낸다. 양쪽으로는 작업실과 사무실이 네 개의 공간으로 분리되어 있는데 하나같이 감각적으로 꾸며졌다. 이곳에는 두 명의 아가씨가 작가로 활동하고 있다. 그러다 보니 다시방의 영어

철자를 아씨방으로 잘못 읽는 사람도 더러 있단다. 공방에서 이루어지는 작업은 금속공예와 와이어 조명 제작이 주를 이룬다. 금속공예는 체험도 가능하며, 미리 예약을 해야 한다. 카페는 테이블이 다섯 개 뿐인 아담한 공간으로, 때때론 파티 공간으로도 이용된다. 특별한 날, 더욱 멋진 추억을 만들고 싶은 이들을 위해 예약을 받고 있다.

공방을 구경하는 동안 솔솔 맛있는 냄새가 나더니, 어느덧 음식이 준비되었단다. 카페로 돌아오자 테이블 위에 붉은 석류알이 곱게 흐트러진 피자가 음료와 함께 나란히 놓여 있다. 얇은 또띠아 위에 치즈를 깔고 석류와 호두를 얹어 꿀소스를 더했다. 한 입 베어 무니 호두의 고소함과 꿀의 달달함이 입 안 가득 번져오고, 이내 석류알이 톡톡 씹힌다. 여기에 치즈의 쫀득함까지 더해지니 금상첨화다. 한참 식탐에 빠져있는데 검둥이 녀석(다시방에서 키우는 강아지, 이름은 오레오)이 쪼르르 달려와 한 입 달라며 덤벼든다. 한 조각 작게 뜯어 건네주니 금세 꿀꺽 삼키고는 내 무릎 위에 앞발을 올려놓은 채 까만 눈망울을 반짝이며 올려다본다. 결국 오레오는 손님을 괴롭힌다는 죄목으로 카페 밖으로 추방되고 말았다(난 괜찮은데... 힝~).

다시방 프로젝트는 잔잔한 음악, 원목가구와 아기자기한 소품으로 꾸며진 부담 없는 공간이자, 눈이 마주치면 싱긋 웃어주는 친절한 주인들이 있어 아주 편안한 곳이었다. 조금 더 오래 머물고 싶었지만 비어 있던 카페에 하나둘 손님이 차기 시작했기에 계산을 하고 나와 마당에서 오레오와 실컷 놀아준 뒤 카페를 나섰다.

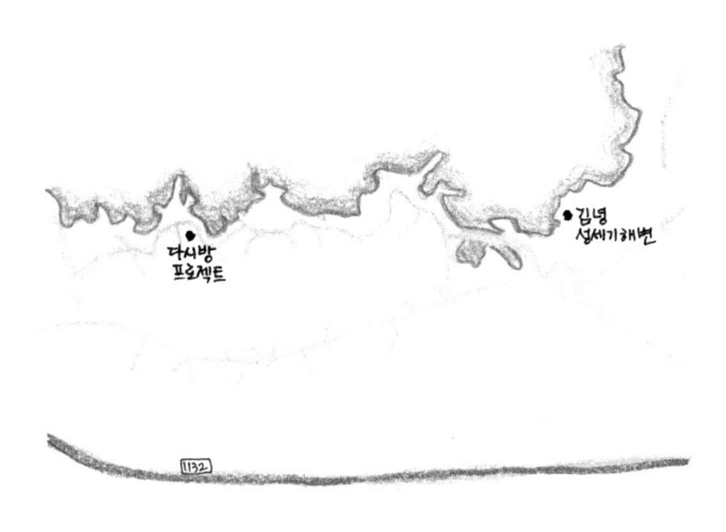

동일주노선(701번) 버스를 타면 김녕 성세기해변 바로 앞까지 갈 수 있다. 하차 지점은 김녕 해수욕장 정류장. 김녕에서 다시방 프로젝트까지는 도보로 30분 정도 소요되기 때문에 사실 걸어서 이동하기엔 먼 거리일 수 있다. 버스를 이용할 경우, 구좌체육관 정류장에서 동일주노선을 탄 후 김녕리에서 하차하면 된다. 김녕리 정류장에서 다시방 프로젝트까지는 도보로 약 10분.

다시방 프로젝트

- **주소** 제주시 구좌읍 김녕리 4001
- **문의** 064.901.2929

012

,

제주도의 힘,
해녀

해녀박물관에 가려고 버스를 탔다. 내려야 할 정류장을 몰라 기사님께 여쭤볼 요량으로 바로 뒷좌석에 자리를 잡고 앉았다.

"기사님, 해녀박물관 가려면 어디서 내려야 돼요?"

"거기 볼 거 없는데... 미로박물관 가봤어요?"

"그래도 제주도에 왔으니 해녀박물관은 가봐야 할 것 같아서요."

"실망할 텐데..."

"미로박물관은 어디에 있는데요?"

"가다가 버스가 보이면 세워줄게요."

기사님은 해녀박물관 대신 '국내최대의 미로박물관'이라는 타이틀을 대며 메이즈 랜드를 추천해주셨고, 목적지로 가는 읍면순환버스가 보이자 버스를 세워주셨다. 그렇게 내 의사와는 전혀 상관없이 얼렁뚱땅 목적지가 변경되어 버렸다. 일단 현지분이 추천해주신 곳이니 오긴 왔으나 입구에서부터 영 내키지 않는다. 이유는 간단하다. 무료로 즐길 수 있는 아

름다운 제주의 자연경관을 지천에 두고 굳이 비싼 요금을 지불하면서 입장해야 할 매력도, 의미도 느끼지 못했기 때문이다. 눈발까지 거세지고 있는 스산한 날씨에 미로를 헤매야 하다니... 어휴~ 상상만 해도 춥다.
다시 정류장으로 돌아가 버스를 기다렸건만, 한두 시간에 한 대꼴로 있는 읍면순환버스가 금방 올 리 없다. 메이즈 랜드 안에 있는 카페에라도 들어가 몸을 녹일까 싶었지만 그마저도 입장료를 내야 이용할 수 있어 버스기사님이 원망스럽기만 했다. 인적마저 드문 도로에 서서 사시나무 떨 듯 떨며 버스를 기다리고 있는 내 자신이 처량하기 짝이 없었다. 아주 간간이 지나가는 차들이 보여 히치하이킹을 해볼까도 싶었지만, 쉽사리 용기가 나지 않는다. 얼마나 기다렸는지 모르겠다. 한참을 기다린 끝에 드디어 버스가 눈보라를 헤치며 나타났고, 그렇게 우여곡절 끝에 해녀박물관 근처까지 왔다. 일단 세화해수욕장 앞 식당에서 얼큰한 동태탕으로 차가워진 몸과 허기를 달래고 박물관으로 향했다. 역시나 눈보라가 매섭

다. 바다를 옆에 끼고 걸으니 칼바람이 살갗을 찢어놓을 것처럼 아프게 스쳐 지나간다.

'천신만고 끝에'라는 말은 이럴 때 쓰는 게 틀림없다. '드디어!' 해녀박물관에 도착했다. 로비에 들어서자마자 깊은 한숨부터 나온다. 예까지 오는 길이 왜 이리도 멀고 고단하단 말이냐.

버스기사님이 볼 게 없다고 하셨으니 기대감은 비우고 먼저 영상실부터 들어가 본다. 해녀박물관의 영상실은 상영 시간이 따로 정해져 있지 않다. 방문객이 오면 관리하는 분이 따라 들어와 관람 의사를 물은 뒤 영상을 틀어주는데, 관리인이 없을 경우에는 직접 재생 버튼을 누르면 된다. 영상은 '해녀, 제주를 지켜온 정신'이라는 주제로 약 10여 분간 짧게 상영이 되며, 제주 해녀들의 삶과 역사를 간략하게나마 들여다볼 수 있다.

이어 동선을 따라 차례차례 이동하며 전시실을 만난다. 해녀박물관은 총 네 개의 전시실을 갖고 있다. 해녀의 삶을 테마로 한 제1전시실, 해녀의 일터에 대한 이야기를 다룬 제2전시실, 바다에 대한 주제를 가진 제3전시실, 그리고 마지막으로 아이를 동반하지 않은 어른은 입장할 수 없는 어린이 해녀체험관이다.

제1전시실에 들어서자 가장 먼저 해녀의 집이 보인다. 이 집은 실제 구좌읍 세화리에 있는 해녀의 집을 복원한 것으로, 제주도의 전통적인 초가 형태를 보여주고 있다. 강한 비바람을 이겨내기 위해 띠풀로 단단하게 동여맨 초가지붕이 가장 눈에 띈다. 해녀의 집을 가운데에 두고 원형으로 둘러진 전시부스들은 1950~60년대의 제주어촌마을을 보여주는 모형물을 비롯하여 영등할망신화, 제주의 세시풍속, 의식주 등 해녀의 문화

와 풍속, 생활상을 엿볼 수 있는 공간으로 구성되어 있다.
알면 알수록 제주는 육지와는 다른 흥미로운 풍속들이 많다. 그 한 예로 영등굿을 들 수 있다. 제주도에는 영등할망에 관련된 신화가 있다. 영등할망은 해상의 안전을 지켜주고 해녀와 어부들에게 풍어를 주는 여신으로, 음력 2월 초하루 제주도에 들어와 바닷가를 돌며 미역, 전복, 소라 등의 씨를 뿌리고 난 뒤 같은 달 15일 우도를 거쳐 본국으로 돌아간다고 한다. 그리하여 해녀들은 영등할망에게 바다의 풍어와 조업의 안전을 기원하는 굿을 해왔는데, 그것이 바로 영등굿이다. 이 외에도 농사일과 물질을 함께 해야 하는 제주 여인들의 일손을 덜어주기 위해 밥을 사람 수대로 뜨지 않고 큰 그릇에 담아 함께 식사를 한다거나, 빈 허벅(식수를 길어 나르기 위해 사용된 물동이)을 등에 지고 남정네를 앞질러 가면 재수가 없다는 속담 등 옛 제주의 다양한 생활풍습들을 알아가는 재미가 쏠쏠하다.
제1전시실에서 계단을 따라 올라가면 제2전시실로 이어진다. 제2전시실 입구에는 해녀들이 잠수복을 갈아입는 노천 탈의장이나 물질이 끝난 후

불을 쬐며 이야기꽃을 피우곤 하는 불턱이 전시되어 있는데, 이를 통해 '해녀의 일터'라는 주제로 전시가 열리고 있음을 예상할 수 있다. 물질에 사용되는 도구들, 해녀들의 모습이 담긴 사진들, 근현대를 살아온 해녀들의 투쟁사 등 제2전시실에서는 보다 더 깊숙이 해녀들의 삶의 현장을 들여다볼 수 있다.
제주의 해녀들은 강했다. 어쩌면 제주도를 지켜온 힘의 원천이라고 해도 과언이 아닐 정도다.

> '예로부터 척박한 자연환경 속에서 혹독한 노동과 과다한 조세로 인해 힘겨운 삶을 이어왔던 그녀들은 그럼에도 불구하고 억척스럽게 자신의 삶을 지켜왔으며, 인간의 존엄성과 생존권을 회복하기 위해 오랜 기간 동안 투쟁을 거듭해 왔다. 특히 해녀들의 항일운동은 일제의 경제 수탈에 맞선 생존권 수호를 위한 투쟁인 동시에 일제의 수탈 정책에 강렬하게 저항했던 항일운동으로 평가되고 있다.'
>
> —해녀박물관에 기록된 제주 해녀 근현대 투쟁사 중

운동을 주도했던 부춘화, 김옥련, 부덕량, 고차동, 김계석 여사의 모습을 이곳 해녀박물관에서 확인할 수 있다. 이들은 일본순사의 폭력 진압으로 동료들이 함께 구속된 이후에도 자신들이 주모자임을 내세우며 동료들을 석방시키고자 했다. 여성 열사 하면 대부분 유관순 열사만을 떠올리지만 바다 너머 저 멀리, 제주 땅에도 강인하고 굳건한 여성들이 있었음을 기억해야 한다.

계단을 한 층 더 올라가자 잠시 무거웠던 마음이 깨끗이 비워지는 것 같다. 제3전시실로 가기 위해 지나게 되는 3층 전망대는 그야말로 뻥 뚫린 공간이다. 통유리 너머 아름다운 에메랄드빛 수평선을 바라보고 있노라니 마치 건물의 반쯤은 바다에 잠겨 있는 듯한 착각마저 든다. 문을 열고 바깥 테라스로 나가면 아기자기한 세화리 마을이 그림처럼 펼쳐진다. 운이 좋다면 물질을 하는 해녀들의 모습도 볼 수 있다고 하나, 오늘은 날씨운이 좋지 않았다.

이제 마지막 전시실을 둘러본다. 제3전시실, 이곳의 주제는 바다다. 전망대에서부터 이어지는 계단을 따라 내려오다 보면 벽면에 전시되어 있는 흑백사진들을 만나게 된다. 제주 해녀들의 모습을 담은 사진이다. 이어서 제주의 수산가공식품들이 전시되어 있는 부스를 시작으로 제3전시실이다. 이곳에서는 바다라는 테마에 맞게 한반도의 어업 현황, 고대의 어

업 활동과 더불어 제주도의 어업까지 세분화되어 살펴볼 수 있다.

전시관을 다 둘러보고 나오는 길, 평소 같으면 눈길조차 주지 않을 뮤지엄샵에 들렀다. 몇 해 전 서울 코엑스에서 열린 캐릭터페어에 갔다가 썩 맘에 들어 했던 캐릭터 몽니가 눈에 들어왔기 때문이다. 당시에는 미처 생각지 못했는데, 이제 보니 해녀를 캐릭터화한 것이었구나. 꽤 귀엽게 만들어졌다 싶어 성공을 예감했던 캐릭터인데, 그 뒤로는 볼 길이 없더니 이곳에 있었네. 오래전 연락이 끊긴 친구를 만난 것 마냥 반갑다.

"안녕, 몽니. 오랜만이야."

제주도에는 아름다운 자연경관들이 넘쳐난다. 굳이 인공미를 찾거나 전시관들을 둘러보지 않아도 볼거리가 천지다. 하지만 현지인들의 삶과 문화를 이해하고 나서 제주도를 바라본다면, 길 위에서 더 많은 것들을 배우고 느낄 수 있을 것이다.

이 섬의 어딘가를 걷고 있을 때면 종종 휘파람 소리를 듣곤 한다. 바다에서 내뱉는 해녀들의 숨소리, 숨비소리다. 해녀박물관을 방문하기 전까지는 그 소리가 그저 특이하거나 신기하기만 했다. 하지만 이제는 그 소리가 가슴 속 깊은 울림으로 다가온다. 그래서 숨비소리가 들릴 때면 속으로 되뇌곤 한다. '고맙습니다. 어머님.'

동일주노선(701번) 버스를 탑승하여 상도리 또는 구좌보건소에서 하차한다. 배차시간에 따라 하차지점이 달라질 수 있으니 기사님께 미리 물어두는 것이 좋다. 관람시간은 오전 9시부터 오후 6시까지이며, 매년 1월 1일과 매월 첫째 · 셋째 월요일, 명절 당일은 쉰다. 입장료는 1,100원.

해녀박물관

• **주소** 제주시 구좌읍 하도리 3204-1번지 • **문의** 064.782.9898

013

,

속 깊은 앞오름

오름에 오르면 보통 그 내면보다는 바깥 쪽 풍경에 시선이 가기 마련이다. 하지만 앞오름은 다르다. 그 속살에 먼저 눈이 간다. 앞오름 정상에 오르면 함지박 모양으로 넓고 깊게 패인 분화구가 가장 처음 눈에 들어오는데, 그 깊이가 무려 78m나 된다. 분화구 안쪽에서 풀을 뜯고 노니는 소떼들의 평화로운 오후 풍경과 녀석들만의 평화를 지켜주려는 듯 삼나무들이 어깨를 맞대고 둘러싼 모습은 가히 그림과 같다. 이러한 분화구의 평안함은 앞오름의 또 다른 이름 '아부오름(亞父岳, 또는 阿父岳)'의 한자표기에서도 그 의미가 드러나는데, 亞父(아부)는 아비에 버금간다는 뜻을 지니고 있다. 움푹 패인 오름의 모양이 마치 어른이 자리를 틀고 안정적인 자세로 앉아 있는 모습과 비슷하다 하여 붙여진 이름이다. 또 하나의 한자 표기인 '阿父(아부)'는 아버지를 정답게 이르던 옛말로, 아버지의 제주어이기도 하다. 하지만 아부오름이라는 명칭은 일제강점기에 등장한 말이고, 예전에는 전악(前岳)이라고 표현했던 만큼 '앞오

쉬엄쉬엄 길을 오르고, 때때로 돌아보며 풍경 감상하기

름'이 원래의 명칭이 되겠다. 앞오름은 송당마을과 당오름 앞쪽에 자리하고 있다 하여 붙여진 이름으로, 버스편이 없어 자가용을 이용해야 갈 수 있는 곳이기도 하다.

사실 앞오름의 겉모양은 육지의 어느 시골 동네에도 하나씩 있을법한 뒷동산을 닮았다. 하지만 정상에 오르고 나면 반전이 숨어 있으니, 이러한 매력은 아름다운 영상을 담아내는 영화계에서 먼저 알아봤다. 앞오름은 1991년 개봉한 영화 〈이재수의 난〉, 제주도와 경마를 배경으로 한 영화 〈그랑프리〉를 촬영한 장소이기도 하다. 제주도의 민병과 천주교도간의 비극적인 이야기를 그린 〈이재수의 난〉에서는 앞오름이 메인 촬영지가 되기도 했는데, 당시 이곳 분화구에 국내 최대의 오픈 세트를 제작하여

• 장고커플을 이어준 팽나무
•• 삼나무숲에 둘러싸인 이곳은 그들만의 공간
••• 깊은 분화구 속을 빽빽이 두르고 있는 삼나무들

• 바람을 맞으며 걷기 좋은 능선
•• 백약이오름

'최후의 결전'을 비롯한 많은 장면을 촬영해냈다. 가장 유명한 영화로는 제주도로 여행 온 서울 남자와 제주도에서 관광가이드를 하고 있는 여자의 사랑을 그린 〈연풍연가〉를 들 수 있겠다. 앞오름 입구에는 영화 속 남녀 주인공이 재회한 장소에 있던 팽나무와 벤치가 고스란히 남아 있어 추억을 되새기게 만든다. 장고커플(장동건, 고소영)의 연을 맺게 해준 자리가 바로 이곳인 셈이다.

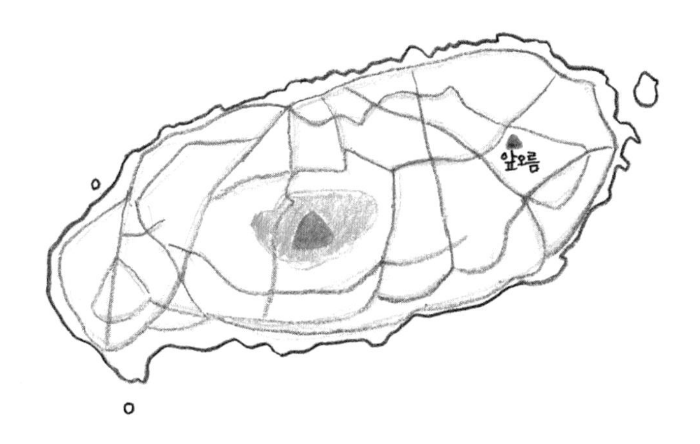

앞오름은 해발 300m밖에 되지 않는 낮은 언덕으로, 길은 평탄한 편이다. 주변 경관을 감상하며 쉬엄쉬엄 오르다보면 정상까지 10분이면 족하다. 분화구 주변으로 이어진 능선을 따라 걷는 길 또한 완만해, 느긋한 산책을 즐기기에 가뿐하다. 정상에서 바라보는 전망에는 백약이오름, 체오름, 동거문오름, 당오름 등 10여 개가 넘는 오름들이 있어 중산간지역의 풍광을 감상하기에도 좋다.

앞오름(제주시 구좌읍 송당리 산 164-1번지)은 아쉽게도 버스편이 없어, 자가용을 이용해야 한다.

2장

서 쪽 해 안

west

014

,

돌담 너머 에메랄드빛 바다, 플래닛 게스트하우스

혹시라도... 언젠가... 제주도에 살게 된다면... 이런 집이었으면 좋겠다.

제주도라면 사실 어디든 좋지 않은 곳이 있겠냐만... 기왕이면 바다를 옆에 두고 있었으면 한다. 그 바다가 협재의 그것처럼 아름다운 물빛을 가지고 있다면 더 바랄 게 없겠다.

가만히 눈을 감고 상상에 빠져든다. 파도 소리에 단잠을 깬 나는 잠옷 바람인 채 슬리퍼를 신고 마당으로 나간다. 담장 너머의 바다를 한 번 내다보고는 두 손을 맞잡고 하늘을 향해 쭈욱 팔을 늘려 기지개를 켠다. 숨을 크게 한 번 내쉬고, 다시 한 번 깊게 아침 공기를 빨아들인다.

하아...... 이렇게 시작되는 하루라면 얼마나 달콤할까. 과연 그런 일상이 나에게도 올까?

숱하게 제주도를 들락거렸건만, 협재 해수욕장을 제대로 본 적은 없었다. 차를 타고 가다 얼핏 스쳐 지나간 것이 처음이었고, 두 번째 찾았을 때는 비가 내리는 탓에 우산을 들고 나가기가 귀찮아 차 안에서 아주 잠깐 바다를 바라보고 다음 장소로 이동했었다. 그러다 아홉 번째 여행이 되어서야 비로소 협재에 머물렀다. 하룻밤을 보낼 숙소는 아주 오래전부터 점찍어 두었던 나의 로망... 바로 '플래닛 게스트하우스'다.

버스에서 내려 골목길을 지나니 바다와 맞닿아 있는 초록색 지붕의 자그마한 돌집이 나타났다. 양쪽으로 검은 돌담이 세워진 올레를 지나 낡은 초록색 대문 앞에 서고 보니 이 집, 빈티지한 멋이 더욱 맘에 든다. 그런

데 대문에 자물쇠가 채워져 있다. 아무래도 이곳이 입구가 아닌가 싶어 그때부터 입구를 찾아 마을을 빙빙 돌기 시작했다. 바다 쪽에 다른 비밀 통로가 있을까 싶어 가봤지만 물이 차올라 건널 수가 없었다. 플래닛 게스트하우스 바로 옆, 다른 숙소의 마당으로 들어서 기웃거려봤지만 역시 통로는 없다. 결국 다시 대문 앞으로 돌아와 전화를 걸었다.

"여보세요? 저 가방만 잠깐 두고 가려고 앞에 와 있는데 문이 잠겨 있어서요."

"아, 네. 비밀번호 누르고 들어가시면 오른쪽에 세탁실이 있어요. 거기에 가방 두고 나오셔서 다시 문 잠그시면 돼요."

주인장이 알려준 대로 번호를 누르자 비밀의 문이 열렸다. '드르르르~' 미닫이문을 열고 안으로 들어서자 밖에서 보았던 빈티지한 분위기와는 또 다른 세상이 펼쳐진다. 새하얀 건물이 양쪽으로 마주하고 있고, 그 사이에 배추도사를 닮은 나무 한 그루가 우두커니 서 있다. 그리고 그 뒤로 협재 바다가 얼핏 눈에 들어온다.

일단 주인장이 일러준 장소에 가방을 놓고 나와 옥상으로 올라갔다. 사람이 꼿꼿이 서 있어도 열 명이면 차고 넘칠 작은 공간에 낡은 의자 하나가 놓여 있고, 그 뒤 초록색 지붕 너머로 푸른 바다와 비양도가 눈에 들어온다. 어떤 미사여구로 이 감동을 표현할 수 있을까. 말문이 막힌 나는 바다를 등지고 있는 의자를 반대쪽으로 돌려 조용히 앉아 바다를 바라봤다. 입실시간이 오후 4시인 게 다행이었고, 조금 더 일찍 찾아오기를 잘했다는 생각이 들었다. 이 집에는 지금 나밖에 없다. 이 그림 같은 풍경을 전세 내어 홀로 온전히 즐길 수 있는 절호의 기회다. 그저 바라보는 것만으

로도 행복하다.

옥상에서 내려와 뒷마당으로 나갔다. 플래닛 게스트하우스에서 가장 예쁜 공간을 꼽으라면 단연 이곳, 바다와 돌담 하나를 사이에 두고 있는 마당이다. 잔디 위에 놓인 부드러운 곡선의 검은 현무암 테이블, 바다를 바라볼 수 있도록 놓은 기다란 나무 평상, 벽면을 민트색으로 덮은 예쁜 카페 건물, 그리고 그 앞에 놓인 낡은 흔들의자와 바다색이 이보다 더 조화로울 수 없다.

이곳에서는 며칠을 머물러도 아쉽겠다. 어느 볕좋은 날에는 흔들의자에 앉아 책 한 권 무릎 위에 얹어 놓고 하염없이 바다를 바라보고 싶다. 친구들과 맥주 한 병씩 들고 평상 위에 앉아 해질녘의 석양을 바라보면 그보다 더한 낭만이 없겠다. 카페 반대편에는 바다로 이어지는 계단이 있다. 한여름이면 바로 바다로 첨벙첨벙 뛰어들고도 남았다. 사실 조금은 샘이 난다. 공간과 소품 하나하나가 모두 사랑스러운 이곳이 탐난다. 내 집이었으면 좋겠다. 건물생심. 좋은 것을 보고 나니 더 욕심이 생긴다.

플래닛 게스트하우스는 총 6개의 객실로 이루어져 있다. 4인실 도미토리가 2개, 독채로 이용할 수 있는 방이 2개, 그리고 2인실과 1인실로 구성된다. 이 중 가장 인기 있는 객실은 단연 1인실이다. 다락방처럼 아담한 공간에 네모진 창을 통해 보이는 푸른 바다가 마치 액자처럼 걸려 있다. 나 역시도 이 방을 탐냈었다. 하지만 예약은 하늘의 별따기만큼 어렵다. 아쉬운 대로 4인실 도미토리에서 하룻밤을 보냈다. 따스한 온기, 흔들림 없는 튼튼한 2층침대, 깔끔한 세면실까지 완벽한 숙소였다. 처음 본 낯선 여행자들과 널찍한 2층침대에 둘러앉아 과자를 꺼내먹고, 도란도란 여

행에 대한 이야기를 나누며 하루를 마감했다.

이튿날 아침, 조식시간에 맞춰 카페로 나갔다. 주스를 따르고, 기다리는 것이 귀찮아 식빵은 토스트기에 굽지 않은 채 접시에 얹어 자리를 잡고 앉았다. 밖으로 에메랄드빛 바다와 비양도가 내다보이는 창가 자리다. 잠시 후 바나나와 견과류, 그리고 각종 야채가 푸짐하게 들어간 두부샐러드가 내어졌다. 오리엔탈 소스와 발사믹 소스 중 선택은 각자의 몫, 나는 새콤한 발사믹 소스를 얹어줄 것을 요구했다. 식사를 하고 있으니 바깥에 손님이 찾아왔다. 고양이 한 마리가 유리문 앞에서 기웃거린다. 이름이 복실이란다. 플래닛 게스트하우스에서는 동네 길고양이들에게 밥을 챙겨주고 있다고 했다. 카페 옆에 그릇을 놓아두고 끼니때가 되면 꼬박꼬박 먹을 것을 넣어준다.

"복실아~."

게스트하우스 스텝에게 간식거리를 받아 카페 안으로 녀석을 유인했다. 먹을 것을 보여주며 불러보지만 길고양이의 습성 때문인지 도무지 마음을 열지 않는다. 그래도 나름 고양이를 두 마리나 키우고 있는 캣맘인데, 자존심이 상했다. 결국 거리를 좁혀가며 먹이를 던져주자 손에 들고 있는 것을 낼름 받아먹기 시작했다. 앗싸! 성공!

플래닛 게스트하우스에는 세면도구와 수건이 따로 갖춰져 있지 않아 개별적으로 준비해야 한다. 체크인은 오후 4시부터 가능하며, 체크아웃은 오전 10시다. 조식은 매일 아침 8시부터 9시까지 뒷마당에 있는 카페에서 샐러드와 토스트, 커피, 주스가 제공된다.

플래닛 게스트하우스 http://www.planet1702.com

• **주소** 제주시 한림읍 협재리 1702번지 • **문의** 070.7672.2478

015

,

바다를 바라보다 외로워진 날, 협재해변

극한 아름다움을 수식해주는 많은 말들. 미치도록 아름답다, 죽도록 아름답다, 눈물 나게 아름답다 등등... 도대체 얼마나 아름다워야 이토록 과장된 표현을 쓸 수 있을까... 사실 난 그것들을 이해하지 못했다. 세상에 미치도록... 죽도록... 아름다운 것은 없다고 생각했다. 정말 극도로 아름다운 것을 본다 한들 정신을 놓을 수 있을까? 심지어 목숨을 포기할 수 있을까? 그저 그보다 더한 표현은 없기에 붙이는 수식이겠지, 했다. 하지만 아름다운 것을 앞에 두니 눈물은 나더라. 미치도록 외로워서.

협재해변에 섰다. 밀가루처럼 곱고 하얀 모래사장에 홀로 우두커니 서 바다를 바라본다. 단언컨대 협재는 제주도에서 가장 아름다운 바다다. 아니, '내가 직접 본' 이라는 전제가 붙기는 하지만, 세상의 그 어떤 바다와 비교해도 아름답다. 도대체 아름답다는 표현을 몇 번이나 쓰고 있는 건지...
이곳에 오면 누구나 먼저 물빛에 감탄하게 된다. 협재를 색에 비유하라

면 은은한 파스텔톤이다. 앞바다는 푸르디푸르고 투명하여 눈이 부시다. 그야말로 에메랄드빛이다. 먼 바다로 갈수록 색은 차츰 짙은 코발트빛으로 번져간다. 그리고 그 끝 하늘과 맞닿은 수평선 위, 걸어서도 닿을 수 있을 것처럼 가까운 곳에 마치 그림인 것 마냥 비양도가 홀로 떠 있다. 바다는 새하얀 포말을 일으키며 찬찬히 해변으로 밀려와 발끝을 간질이고는 다시 저만큼 달아난다.

처음에는 알 수 없는 괴성을 질러댔다. 풍경에 도취되어, 보고도 믿을 수 없다는 감탄사들을 입 밖으로 마구 싸질러댔다. 그러다 외로워졌다. 좋은 것을 보고도 함께 감상을 나눌 사람이 없다는 것이 이토록 슬픈 일이었던

가. 모래가 날리지 않도록 매어둔 그물 위에 주저앉아 휴대폰을 꺼냈다. 그런 다음 카메라를 열어 사진을 몇 장 찍고는 생각나는 사람들에게 전송했다. "여기 너무 예뻐. 근데 혼자라서 외로워."라는 메시지와 함께.

잠시 후 풍경에 대한 감탄과 함께 위로의 말들이 날아왔다. 하지만 아무런 도움이 되지 않았다. 오히려 더 외로워졌고, 어느덧 눈시울이 붉어졌다. 눈물이 날 정도로 아름답다는 말, 이럴 때 쓰는 거였구나.

주변을 둘러보니 나 빼고 모두가 즐거워 보였다. 한겨울임에도 윈드서핑을 즐기는 열정 청년 둘, 그리고 그들을 구경하는 사람들, 삼각대를 세워놓고 기념사진을 남기는 대가족, 링을 바다에 던지며 애완견을 훈련시키는 젊은 부부. 모두 각자의 방식으로 바다를 즐기고 있었다.

협재에서 금능까지 걸어보기로 했다. 바람을 타고 온 모래가 쌓여 언덕

을 이루고 있는 길을 따라 간다. 오른쪽으로는 바다가 이어지고, 왼쪽으로는 야자수가 즐비하다. 물결은 금능으로 갈수록 잔잔해진다. 문득 전에 누군가가 협재해변과 금능해변을 헷갈려 하는 사람들이 많다고 했던 말이 생각났다. 당시에는 "아, 그래요?" 하고 넘겨버리고 말았지만 다시 생각해보니 협재면 어떻고, 금능이면 어떠냐 싶다. 정작 바다는 어떻게 불리든 개의치 않을 텐데 말이다. 어차피 바다에는 경계가 없으니.

협재로 돌아와 이른 저녁을 먹기 위해 해녀의 집을 찾아 나선 길, 작은 구멍가게 앞을 지나가는데 할머니와 개 한 마리가 점포 앞에 나와 있었다.

"안녕하세요."

인사를 건네자 할머니는 옆에 비어 있는 의자를 손으로 툭툭 치며 쉬었다 가란다. 당신의 눈에 내가 무척이나 지쳐보였나 보다. 잠시 엉덩이를 붙이고 있는 사이, 개가 다가와 장난을 걸어댔다. 앞발을 번쩍 들어 내 배에 올리더니 옷소매를 물어뜯고, 팔뚝에 얼굴을 비비며 애교를 부려대자, 그 모습을 본 할머니가 껄껄대며 웃으신다. 한바탕 놀아주고 일어나 다시 길을 떠나는데, 녀석이 따라붙었다. 뒤에서 주인이 불러대도 아랑곳하지 않고, '어디로 가는지 다 알고 있어. 나만 따라와' 라고 말하는 듯 앞서 길을 안내한다. 생각했다. 이 녀석 혹시 내 마음을 읽어낸 것은 아닐까. 그래서 외로움을 달래주기 위해 길동무를 자청한 건가. 헛된 착각일지라도 마음 한구석이 따뜻해졌다. 식당 안에 들어선 후에도 한동안 주변을 서성이더니, 식사를 마치고 나오자 사라지고 없었다. 다시 가게 앞을 지나가며 안쪽을 들여다보니 이번엔 다른 사람한테 들러붙어 애교를 피우고 있었다. 두어 번 불러봤지만, 난 안중에도 없다. 쳇!

일찍 숙소에 들었건만, 그때부터 해넘이가 시작되었다. 하늘에 짙은 구름이 깔려 있어 일몰은 기대하지 않았는데, 뒷마당에서 바라본 하늘에 빛이 내리고 있었다. 나가기는 귀찮아 그 자리에 서서 셔터를 눌러대다 결국 못 참고 다시 해변으로 뛰쳐나왔다. 구름 사이로 삐져나온 햇빛이 바다를 향해 갈라지며 드라마틱한 장면을 연출하고 있었다. 나는 무언가에 홀린 듯 구름 사이로 반짝이는 태양만 주시한 채 걸음을 옮기기 시작했고, 걷다보니 어느새 금능이었다. 물이 빠진 해변에는 깊은 나이테가 드러나 있었다. 그 위로 드리운 빛이 젖은 모래에 반짝반짝 윤기를 더한다.

다시 협재로 돌아왔지만 숙소로 들어가는 것이 못내 아쉬워 '쉼표'라는 카페 창가에 자리를 잡았다. 레몬티를 한 잔 시켜놓고 앉아 해 저문 바다와 하나둘 불빛이 들어오는 비양도를 바라보고 있었다. 여전히 외로웠다. 사실 내심 기대했다. 우연히 아는 사람을 만나게 된다면 기적이라 생각했다. 혹시 낯선 이가 말을 걸어오며 술 한 잔을 청한다 해도 오늘만큼은 마음을 열 수 있을 것만 같았다. 하지만 드라마 같은 일은 일어나지 않았다.

대중교통을 이용할 경우, 서일주노선(702번) 버스를 타고 협재해수욕장 정류장에서 하차하면 된다. 숙소로는 플래닛 게스트하우스를 추천한다. 협재의 아름다운 바다가 마당이 되어주는 예쁜 집으로, 도미토리와 1인실, 독채로 사용할 수 있는 객실이 있다. 추천할 만한 맛집으로는 협재 해녀의 집이 있다. 비양도가 내다보이는 창가에 앉아 먹는 푸짐한 해물라면이 별미이며, 다양한 해산물도 저렴한 가격에 즐길 수 있다.

016

,

알록달록 무지개 학교, 더럭분교와 동복분교

세상에서 제일 예쁜 학교가 있다. 줄어든 학생 수로 인해 분교가 되어버린 작은 초등학교에 언젠가부터 사람들의 발길이 잦아지고 있다. S사의 스마트폰 컬러 프로젝트 광고에 등장하면서부터다. 학교는 컬러리스트 장 필립 랑클로의 지휘 아래 다시 태어났다. 프로젝트는 '제주도 아이들의 꿈과 희망의 색(色)'이라는 테마로 진행되었고, 학교는 산뜻한 색을 입었다. 애월읍 하가리에 자리한 애월초등학교 더럭분교다.
교정에 들어서자 알록달록 무지개 색깔을 입고 있는 건물이 눈에 들어온다. 이미 사진과 광고 영상을 통해 접했던 모습인데도 새삼 동심이 샘솟는다. 일요일이라 학생들이 없는 학교는 손님들이 전세를 냈다. 푸른 잔디 운동장에 서서 프레임 안에 색을 담는 사진가, 창틀 너머로 기웃대며 교실 안쪽을 살피는 호기심 많은 아가씨, 큰 나무 아래 앉아 오붓하게 데이트를 즐기는 연인, 그네를 타며 이 학교의 주인인 척 행세를 하는 아이들까지 모두가 즐거운 표정이다.

광고 영상으로 본 학교의 처음 모습은 칙칙한 황토색이었다. 친구들이 하나둘 떠나가고 쓸쓸한 작은 분교에 남겨진 아이들을 더욱 외롭게 했을 색. 보지 않아도 눈에 선하다. 자신들의 학교에 페인트칠을 하며 얼굴에 함박웃음이 가득했을 아이들이 상상된다. 휴일의 교정에서 깔깔대는 아이들의 웃음소리와 새처럼 재잘거리는 말소리가 들리는 것 같다. 이방인의 눈에도 이렇게 예쁜 학교가 아이들은 얼마나 자랑스러울까? 하루가 멀다 하고 찾아와 학교를 구경하고 가는 사람들을 보면 어깨가 으쓱하겠지? 비록 광고를 위한 프로젝트긴 하지만, 시들어가는 학교에 색을 더해 숨을 불어 넣어준 S사가 고마울 따름이다.

서쪽에 더럭분교가 있다면, 동쪽 구좌읍 동복리에는 동복분교가 있다. 더럭분교만큼 알려지지도 않았고, 규모도 더 작지만 참 예쁜 학교다. 동복리 정류장에서 내리자 마을로 들어가는 골목 입구에 서 있는 팽나무와 그 뒤로 바다를 배경으로 앉은 아기자기한 마을이 시선을 끈다.
'동복리... 참 예쁜 마을이구나' 혼잣말을 중얼거리며 주변을 한 번 쓰윽 훑어보는데 바로 학교가 보인다. 알록달록한 건물이다. 시선이 머문 곳은 후문. 문짝 하나 없이 돌하르방이 문지기 노릇을 하고 있어 씨익 웃음이 난다. 제주도다워서 맘에 든다. 건물을 돌아 운동장에 서자 파스텔 컬러를 입은 건물과 마주하게 된다. 동복분교의 건물은 마치 레고 블록을 조립해놓은 것 같은 모습인데, 가운데 현관이 있는 부분이 깡통로봇과 닮았다. 더럭분교보다 조금 더 아기자기한 면이 느껴지는 학교다.
일요일 오전, 역시 학교는 한가롭다. 교실 창문 아래 정원수에서 숨바꼭

질을 하며 노니는 참새들의 재잘거리는 소리가 정적을 깨운다. 뿌연 창문 너머로 학교 안을 슬쩍 훔쳐보니 바닥이 반질반질 윤기가 난다. 문득 초등학교가 아닌 국민학교였던 나의 학창시절이 떠올랐다. 친구들과 일렬로 쭈그리고 앉아 선생님 감독하에 열심히 마룻바닥에 양초를 문질러대던 기억. 하핫. 새삼 세월이 참 많이도 흘렀구나 싶다.
교정을 나서려는데 고등학생으로 보이는 남학생과 어린 꼬마 아이가 나란히 축구공을 들고 들어온다. 대화를 엿들어보니 형제인 듯하다. 축구선수를 꿈꾸는 소년과 그의 늦둥이 동생쯤? 형이 축구화 끈을 동여매고 있는 사이, 꼬마 동생은 작은 공을 몰며 쉼 없이 운동장을 가른다.
"일루 몰고 와봐~."
가만히 지켜보던 형의 한 마디에 동생은 나이답지 않은 발재간을 뽐내며 드리블을 한다.
"오! 잘하네~."

형의 칭찬에 꼬맹이의 어깨가 으쓱한다. 혼자 흐뭇한 상상을 해봤다. 먼 미래 저 꼬마 아이가 박지성 버금가는 축구선수가 되어 있는 상상. 언젠가 TV에서 볼 날이 있으려나? 작은 분교를 빛내주고 있는 다채로운 컬러만큼 아이들의 꿈도 예쁘고 다양하게 커갔으면 하는 바람을 가져본다.

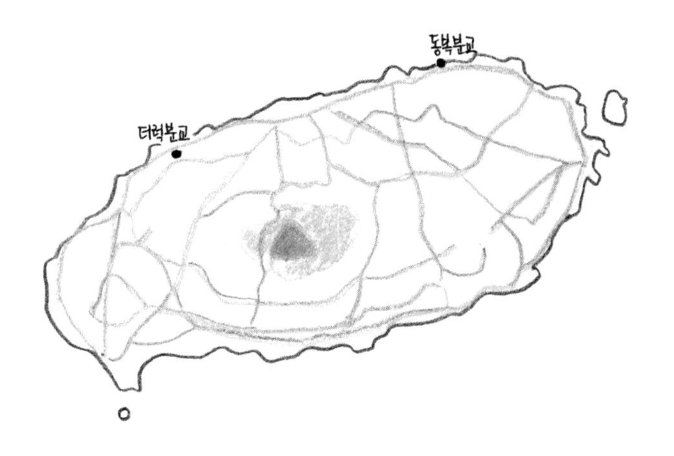

더럭분교는 서일주노선(702번) 버스를 타고 고내리 정류장에서 하차 후, 도보나 택시로 이동한다. 고내리사거리부터 더럭분교까지는 약 1.5km. 도보로 이동할 경우 30~40분 걸린다. 오르막길 구간이 있으니 주변 시골 풍경을 감상하며 느긋하게 걷는 것도 좋다. 학교를 둘러보고 나오는 길에는 연화지에 들러보자. 연화지는 더럭분교가 있는 하기리 마을에 자리하고 있는 못으로, 여름이면 만개한 연꽃이 풍성함을 더해준다.
동복분교는 동일주노선(701번) 버스를 타고 동복리 정류장에서 하차하면 된다. 정류장에서 학교까지는 도보 1분. 수업이 있는 날에는 개방을 하지 않으니, 휴일에 방문할 것.

017

,

눈부시게 맑은 날 다시!
한담해안산책로

예전에 이 길을 걸었던 적이 있다. 비가 추적추적 내리는, 무척이나 우울한 날이었다. 게스트하우스에서 인연을 맺은 이들과 함께 온종일 제주도 이곳저곳을 헤매고 다니다 마지막으로 들른 곳이 한담마을에 자리한 카페 '키친애월'이었다. 부드러운 라떼 한 잔을 마시고 나와 카페 앞 전망대에 서서 내려다본 해안산책로가 꽤나 운치 있어 보여 우산 하나 달랑 들고 그 길을 걷기 시작했다. 함께 있던 일행들은 차를 타고 곽지해변으로 가 기다리기로 했다. 당시의 산책은 여유롭지 못했던 것 같다. 누군가 날 기다리고 있나는 부담감에 걷는 속도는 빨랐고, 자연스레 주변의 풍경들이 바쁘게 스쳐 지나갔다. 곽지에 도착해서는 당연히 아쉬울 수밖에 없었다. 그리고 다음을 기약했다. '날 좋은 날 다시 걸어야겠다. 천천히 여유롭게.'

오늘은 구름 한 점 없이 새파란 하늘이다. 그 하늘빛만큼 바다 또한 깨끗

하고 푸르다. 나는 다시 이 길에 섰다. 지난번에 한담마을에서 시작해 곽지해변을 종점으로 삼았으니, 오늘은 거꾸로 걸어볼 작정이다.
정확한 명칭은 곽지과물해변. 도착한 시간은 오전 11시. 주변 상가들은 문 닫은 곳이 많고 해변은 평화롭기 그지없다. 나를 포함해 해변을 서성이는 사람은 겨우 다섯, 새소리와 파도소리만이 적막을 깨우고 있다. 모래는 조개껍데기를 갈아놓은 듯 새하얗고, 바다는 청량음료를 부어놓은 듯 청명하다. 바람에 모래알이 날리지 않도록 파란 망으로 덮어놓은 모습이 마치 바다의 연장선처럼 보이기도 한다. 해변에 왔으니 걸음은 자연스레 바다 쪽으로 향한다. 아무도 밟지 않은 모래사장에 한 발 한 발 가

지런히 발자국을 새겨 놓고는 길을 나선다.

해변을 따라 나무 데크가 깔려 있어 걷기 편하다. 한층 높은 길에서 바다를 내려다보며 걷다보면 어느새 해변이 끝나고, 여기서부터 본격적으로 산책로가 시작된다. 곽지과물해변에서 애월읍 애월리(한담마을)까지가 한담해안산책로 구간이다. 예전에는 '한담갯가길'이라고도 불렸던 이 길의 현재 명칭은 '한담마을 장한철 산책로'다. 조선 영조때 과거시험을 보기 위해 배를 타고 가다 풍랑을 만나 일본 오키나와에 표착한 제주도민이 있었다. 그는 한양을 거쳐 다시 귀향할 때까지의 일들을 기록해《표해록》이라는 책으로 펴냈는데, 이 일지는 역사적 · 문학적 가치를 인정받아 제주도 유형문화재로 지정되었다. 그 주인공이 바로 장한철. 한담마을이 고향인 그의 이름을 따 길 이름에 붙였다.

한담해안산책로는 오로지 해안을 따라서만 굽이굽이 이어지는데, 언제나 시야 안에 바다가 머문다. 총 길이가 1.2km이니 천천히 걷는다 해도 한 시간이면 족할 뿐더러, 오르막 내리막이 없어 남녀노소 누구나 편안하게 걸을 수 있다.

한담해안산책로를 색으로 표현하자면 블루(Blue)와 블랙(Black), 이 두 가지면 된다. 길과 돌멩이들은 온통 까맣고, 바다는 에메랄드와 코발트빛이 뒤섞였다. 길목 중간중간에는 스토리텔링을 얹은 바위들이 제멋대로 튀어나와 있다. 어느 바위는 코뿔소를 닮아 코뿔소 바위라고 이름 지어졌고, 또 어느 바위는 하마를 닮았다 하여 하마 바위라 부른다. 이 외에도 아기공룡 바위, 창문 바위, 고양이 바위, 악어 바위, 붉은 고래 등이 있으나, 사실 '닮았다' 생각하고 들여다봐도 억지스러운 것들이 꽤 있다. 특

히 한 마리 솔개가 하늘을 향해 힘찬 날개짓을 하려는 듯 두 눈을 부릅뜨고 있는 모습을 하고 있다 하여 치소기암(鴟巢寄岩)이라고 부르는 바위는 곽금3경으로까지 지정되었는데도 불구하고 아무리 들여다봐도 솔개는 보이지 않는다. 생김새가 장엄한 것은 인정하나, 스토리텔링에는 동의할 수 없으니 괜스레 민망하다.

울퉁불퉁 검은 현무암들이 깔린 해안가에 드문드문 숨어있는 작은 비치는 한담해안산책로의 또 다른 매력 중 하나다. 손바닥만한 모래사장에 잔잔하고 얕은 수심의 바다. 여름날 북적이는 해수욕장을 피해 좀 더 프라이빗한 시간을 즐기고 싶다면 이보다 더 좋은 곳이 없겠다. 상상만으

로 난 이미 이 해변을 통째로 전세 냈다. 파라솔 그늘 아래 돗자리를 깔고, mp3에서 이 느긋한 시간과 어울릴 만한 음악들을 골라 틀었다. 가방에서 책 한 권을 꺼내 엎드려 몇 장 뒤적이다 이내 스르르 낮잠에 빠져든다. 크하~!! 여기가 바로 천국이로세.

산책로가 끝나고 전망대에 섰다. 키친애월이 있던 자리에는 다른 이름의 카페가 서 있었지만, 검은 현무암으로 만들어진 해녀 조각상과 바다가 보이는 자리에 놓인 나무 벤치는 그대로다. 절벽 끝자락에 서니 망망대해가 눈앞이다. 왼편으로는 구불구불 걸어왔던 산책로가 내려다보이고, 오른편으로는 아기자기한 한담마을이 시야에 들어온다. 2년이라는 시간이 흘렀건만 풍경은 변함이 없다. 어지러울 정도로 빠르게 변해가는 세상이기에, 그 속에서 꿋꿋이 멈춰 있어준 이곳이 새삼 대견하고 고맙다.

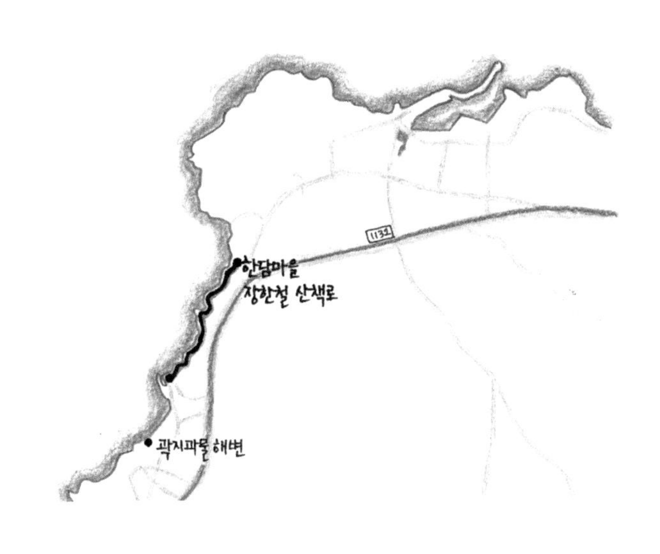

한담해안산책로는 제주시 애월읍 애월리(한담마을)에서 곽지과물해변까지 이어지는 길이다. 대중교통은 서일주노선(702번) 버스를 이용하면 된다. 한담마을은 한담동 정류장에서, 곽지과물해변은 곽지해수욕장 정류장에서 하차하면 된다.

018

,

기다림에 대한 선물,
도두봉의 일몰

"넌 왜 여행을 다녀?"

선배와 함께 송광사 불일암으로 가던 중이었다. 가파른 오르막에서 서로의 숨소리만 들려오던 시간, 어색한 정적을 깨려는지 선배가 먼저 말문을 열었다. 순간 머릿속이 하얘졌다. 왜 여행을 다니냐니... 예상치 못한 질문이었다. 뭔가 그럴 듯한 이유를 대고 싶었지만, 단 한 번도 생각해보지 않았던 물음이었다.

"음..."

몇 초간의 정적이 흐르고 나는 장황하게 그 이유들을 늘어놓기 시작했다.

"여행은 절 변하게 한 것 같아요. 예를 들면... 어릴 적에는 역사나 사회과목을 정말 싫어했거든요. 근데 여행을 하면서부터 문화나 역사 등에 관심이 생기더라구요. 또 전보다는 포용력이나 여유도 생긴 것 같아요...(이하 생략)"

사실 무슨 말을 했는지 전부 다 기억나지는 않는다. 그 뒤에 몇 마디를 덧

붙였던 것 같기도 하고, 아닌 것도 같다. 여하튼 그냥 한 마디면 됐는데… "여행은 나에게 변화를 줬다" 고.

그 변화라는 것에는 '기다림' 이라는 항목도 포함된다. 예전의 난 지독히도 여유가 없었다. 한번은 동네 친한 언니와 지하철역에서 만나기로 했는데, 약속한 시간이 지나자 점점 화가 나기 시작했다. 결국 5분도 견디지 못하고 자리를 떴고, 언니는 거듭 미안하다 사과를 했다. 그때가 불과 7년 전이던가? 그랬던 내가 이제는 홀로 두 시간을 기다림으로 채우고 있다.

제주섬의 북쪽, 제주공항 뒤편 바다를 따라 펼쳐지는 해안도로를 걷다보면 바다 쪽으로 삐죽 튀어나온 오름을 만나게 된다. 섬 '도(島)' 자에 머리 '두(頭)' 자를 써서 '섬의 머리' 라는 의미를 가진 도두봉. 이곳은 제주도민들의 아침저녁 산책코스이자 연인들에게는 데이트 코스로, 여행자들에게는 황홀한 일몰 명소로 유명하다.
하늘은 눈부시게 푸르고 바다 빛은 영롱한 날, 용담해안도로를 걸어 도두봉 아래까지 왔다. 애초에 저녁 끼니를 때울 생각은 없었지만 살짝 출출했기에 편의점에 들러 차가운 김밥과 바나나우유를 사서 가방에 쑤셔 넣고 출발~. 길의 초입, 우거진 나무 숲 사이로 난 데크계단을 한 발 한 발 꾹꾹 눌러 오르고 나니, 이어 타이어매트가 깔린 오르막길이 이어진다. 도두봉은 해발 65m로 아주 낮은 오름이지만, 정상으로 향하는 길의 경사도가 높아 그리 호락호락하지만은 않다.
10분쯤 숨을 헥헥 대며 정상에 도착하니, 360도 파노라마 전망 속에 다양한 풍경이 눈에 들어온다. 북쪽으로는 광활한 바다가 펼쳐지고, 그 반대편으로는 공항 활주로가 내려다보인다. 공항 뒤편으로 아득하게 보이는 것은 바로 한라산! 섬을 굽어보고 있는 그 자태만으로도 든든하기 그지없다. 남서쪽으로는 트로이 목마를 닮은 붉은 등대와 하얀 등대가 서로 등을 지고 서 있으니, 제주공항에서 가장 가까운 해변 이호테우다.
오로지 일몰을 보겠다는 일념으로 이곳을 찾은 여행자에게 지금 상황은 당황스럽기 그지없다. 게스트하우스에서 산책삼아 천천히 걸어 도두봉까지 오면 넉넉하게 일몰을 볼 수 있겠다 싶었는데, 시간분배에 실패하고 말았

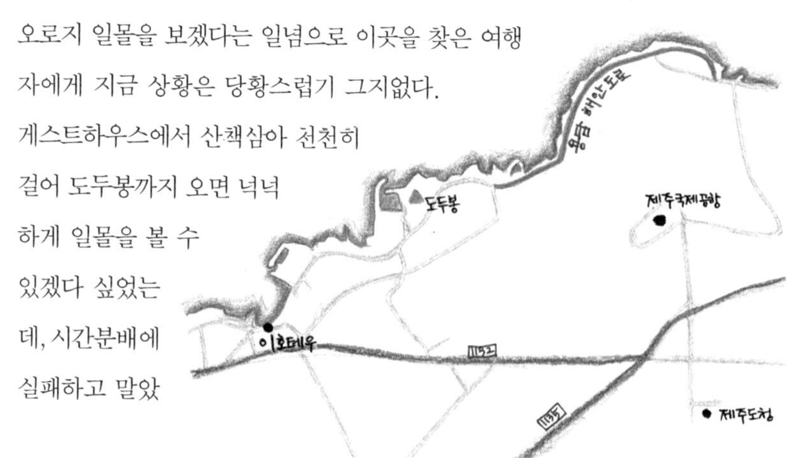

다. 종잡아 두 시간은 기다려야 해가 떨어질 기세다. 기다리는 것에 익숙치 않은 나는 목표했던 걸 포기할까도 생각해보지만, 그러기에는 구름이 번져가는 모양새가 심상치 않다. 어쩌면 내 생애 가장 아름다운 일몰을 볼 수도 있겠다는 예감에 자리를 뜨지 못하고 기다림을 택하기로 했다. 우선 편안히 앉아 있을 곳이 필요했다. 다행히 도두항 쪽으로 내려오니 항구 풍경을 볼 수 있는 자그마한 쉼터가 마련되어 있었다. 벤치에 걸터앉아 핸드폰을 꺼내 음악을 켜고 볼륨을 높였다. 여기서 관건은 산책로를 오고가는 연인들에게 외로움을 들키지 않는 것이다. 최대한 여유롭고 낭만적인 여행자처럼 보이기! 허나, 이미 가방에서 꺼내져 양 손에 들린 김밥과 바나나우유는 어쩌냔 말이다.

JJC-9

무척이나 외로운 기다림에 위로가 되는 것은 그저 풍경뿐이다. 하늘이 시시각각 변해가는 모습을 보고 있자니 오늘따라 유난히도 구름의 움직임이 빠르게 느껴진다. 서로 자리를 바꿔가며 움직이다가, 어느새 모여들어 한 줄기 빛내림을 선사하고는 다시 흘러간다. 차츰 해가 떨어지기 시작하고 바다는 하늘을 닮은 붉은 빛으로 물들어간다. 그리고 저 멀리 바다를 향해 길게 삐져나온 방파제 위로 오토바이를 탄 한 남자가 지나간다. 괜스레 방파제 끝 빨간 등대를 한 바퀴 휘 돌고 유유히 사라지는 모습이 귀여워 '후훗' 웃음이 터져 나온다.

꽤나 긴 시간을 버텨야 할 것 같았지만, 지나고 나니 금방이다. 하루 일과를 마친 태양이 차츰 바다의 품으로 스며들기 시작할 때, 한 뼘 더 가까이에서 지는 해를 배웅하고 싶어 항구로 내려왔다. 항구에 정박해 있는 요트와 어선들, 낚싯대를 어깨에 지고 걷거나 이미 낚싯대를 드리운 사람들, 한참 동안 해를 바라보다 서로의 모습을 담기에 여념이 없는 연인들, 이 모든 피사체들이 붉은 석양에 물들어간다. 참으로 고요하고도 평화로운, 그치만 화려한 그 색만큼은 황홀하기 그지없는 항구의 풍경이다.
태양이 완전히 자취를 감추고 나자, 이내 어둠이 찾아왔다. 하늘이 마지막으로 남은 빛을 토해내는 시간, 일명 매직아워! 고기잡이 어선들은 바다로 나가 수평선에 등불을 하나씩 띄우고, 밝은 달과 가로등 불빛만이 항구의 밤을 밝힌다.
이제는 숙소로 돌아가야 할 시간이다. 오늘 참 황홀한 하늘을 만났다. 이것은 기다림에 대한 선물임에 틀림없다. 설렘과 뿌듯함에 가슴이 벅차오른다.

도두봉은 제주시내에서도 가까워 대중교통 이용이 편리하다. 제주시외버스터미널에서 17번 버스를 타면 환승 없이 도두봉 바로 앞까지 갈 수 있는데, 목적지까지 가는 동안 차창 밖으로 보이는 용담해안도로의 그림 같은 풍경에 지루할 틈이 없다. 터미널에서 도두봉까지는 금방이다. 거리는 약 8km로 20~30분이 소요되며, 해안로정류장에서 하차하면 된다. 버스가 가는 방향으로 약 5분만 걸어가면 도두봉으로 오르는 길이다.

0 1 9

,

용 담 해 안 도 로 에 서
맞 이 한 아 침

제주공항 뒤편 해안도로에 있는 게스트하우스에서 묵게 되었다. 6인실 도미토리 룸을 배정받아 들어가니, 아무도 없다. 누군가 묵었던 흔적이 없는 것으로 보아 아직 다른 게스트가 들어오지 않은 모양이다. 도미토리 룸이라는 게 좁은 공간에 여러 여행자들이 묵을 수 있도록 만들어놓은 방이다보니 어떤 면에서는 친구를 사귈 수 있어 좋기도 하지만, 또 어떤 면에서는 낯선이와 한 공간을 공유해야 하는 불편함을 감수해야 하기도 한다. 그리고 그 불편함을 더 감당하기 힘든 날이 있다. '오늘은 손님이 더 이상 안 들어왔으면 좋겠다...' 주인장에게는 미안하지만 내심 속으로 빌었다. 조용히 쉬고 싶은 마음도 있었고, 무엇보다 다음날 일출을 보기 위해 일찍 나갈 작정이었기에 기왕이면 눈치 보지 않고 나갈 차비를 할 수 있었으면 좋겠다 싶었다. 하지만 늦은 저녁, 내 바람과는 상관없이 두 명의 손님이 들이닥쳤다. 게다가 금발머리의 외국인. "하이~!" 발랄하게 인사를 건네며 들어오는 룸메이트들에게 경직된 미소와 기어

들어갈 듯한 목소리로 화답을 했다. "하...이..." 그게 우리의 처음이자 마지막 대화였고, 나는 그녀들이 잠들 때까지 침대에서 나오지 않았다.

다음날 새벽 3시 30분. 휴대폰 알람이 울렸다. 소리가 나자마자 반사적으로 손을 뻗어 알람을 끄고, 사뿐사뿐 고양이 걸음으로 욕실로 들어가 외출 준비를 마치고 나니 4시. 전날 미리 얘기를 해둔 덕분에 게스트하우스의 자전거를 빌릴 수 있었고, 일출 장소로 점 찍어둔 용두암으로 출발했다.

어느 것 하나 만족스러울 게 없는 아침이었다. 사실 게스트하우스에 비치된 네 대의 자전거 중 상태가 멀쩡한 것은 단 한 대도 없었다. 그나마 그 중 제일 멀쩡해 보이는 것으로 골랐지만 페달의 뻑뻑한 움직임이 영 꺼림칙하다 싶었다. 그러나 달리 방법이 없었다. 꼭두새벽 해안도로를 다니는 대중교통은 없었고, 인적이 드문 거리를 걸어서 가기엔 4km는 만만치 않은 거리였다. 일단 용두암까지는 가자. 돌아올 때는 끌고 오든 택시를 타고 오든 어떻게든 되겠지. 긍정적인 의지로 열심히 페달을 밟았건만, 결국 다시 숙소로 돌아와야 할 운명이었나 보다.

거의 반 정도 왔다 싶을 때였다. 용두암까지 2km가 남았다는 이정표를 발견했고, '이쯤에서 인증샷 한 방 찍어줘야겠다' 싶어 잠시 멈춰 섰다. 해안도로 가장자리에 자전거를 세워두고, 바다를 향해 서서 카메라 전원을 켜려는 순간.

'아뿔싸! 배터리를 두고 왔다. 이런 바보.'

지난 밤 충전을 하기 위해 거치대에 꽂아둔 배터리를 그대로 두고, 카메라만 덜렁덜렁 챙겨서 나온 것이다. '멍청이! 덜렁이! 어휴~' 얼굴은 일그러지고 한숨이 새어 나왔다. 짜증이 물밀 듯이 밀려왔다. 누구를 탓하겠는가. 내 잘못인걸.

우선은 결단을 내려야 했다. 이제 2km만 더 가면 용두암인데 다시 돌아갈 것인가? 사진을 포기하고 눈으로만 담을 것인가? 역시나 결론은 다시 숙소로 돌아가는 것이었다. 왔던 길을 다시 달려 배터리를 챙겨 나오는 길, 애만 먹이던 자전거는 버리기로 했다. 용두암까지 가는 동안 해는 떠오를 것이고, 그저 느긋하게 걷다 해가 뜨는 광경을 목격하면 그걸로 만족하자.

사실 이외에도 사건은 있었다. 어둑어둑한 새벽녘을 혼자 달리는 여성을 향해 휘파람을 불어대며 추파를 던지는 오토바이족들 때문에 살짝 긴장을 했고, 배터리를 두고 온 것을 알고 다시 숙소로 돌아갈 때는 가방에 넣어둔 물건들이 쏟아져 도로 한가운데 쭈그리고 앉아 더듬더듬 챙겨 넣어야 했으며, 목이 너무 말라 물이라도 마셔야겠다 싶어 편의점에 들어갔

을 땐 불러도 대답 없는 주인장 때문에 터덜터덜 나와야 했다. 꼬일 대로 꼬인 하루의 시작이었다.

모든 것이 맘에 들지 않는 아침이었지만, 터벅터벅 해안도로를 걸을 때만큼은 마음이 평온해졌다. 자동차와 자전거들이 드문드문 지나갈 뿐, 길은 마치 혼자 전세라도 낸 듯 참으로 고요하고 한적하기 그지없었다.

예상대로 용두암에 이르기 전에 해가 떠오르기 시작했다. 이정표대로라면 용두암까지 2km 남은 지점, 불과 몇십 분 전 인증샷을 찍으려고 멈춰 섰다 한숨만 뱉어냈던 바로 그 자리. 어영마을에서 어영부영 떠오르는 해를 맞이하게 되었다. 수평선에는 잔뜩 구름이 껴 있었지만, 태양은 금세 구름을 밀어내며 모습을 드러냈고, 고요한 바다에는 크고 작은 어선들과 제주도를 상징하는 검은 돌들이 드라마틱한 실루엣을 뽐내고 있었다. 태양은 구름과 숨바꼭질을 하듯 나왔다 들어가기를 반복하며, 시시각각 변해가는 색으로 하늘을 물들였다. 가던 길을 멈추고 멍하니 서서 한참이나 아침이 열리는 모습을 바라보고 있노라니 문득, '무슨 부귀영화를 누리

겠다고 아침부터 생고생을 했나?' 싶다. 참 고단한 아침이었다. 그럼에도 불구하고 위안을 받을 수 있었던 것은 찬란한 아침을 맞이한 후 스며드는 상쾌함 때문이리라. 구정물을 뒤집어썼다가 말끔하게 샤워를 마치고 나온 기분이랄까? 바다를 바라보고 서서 기지개를 쭉 펴본다.
누구보다 부지런하게 시작했던 하루가 참 길겠구나.

용담해안도로는 제주공항 뒤편, 용담동에서부터 이호동까지 이어진다. 굽이진 해안선을 따라 이어지는 도로는 드라이브코스나 자전거 하이킹을 즐기기에 제격이며, 올레17코스에 속한 지점으로 걷기도 수월한 길이다. 명소를 꼽으라면 용두암을 들 수 있겠다. 용의 머리를 닮았다 하여 '용두암(龍頭岩)'이라 이름 붙여진 이곳은 특히 일출명소로 유명한데, 운이 좋다면 용이 여의주를 물고 있는 듯한 형상의 일출을 만날 수도 있다. 한낮의 해안도로는 말이 필요 없다. 드넓게 펼쳐진 맑고 푸른 바다와 마주하고 있는 것만으로도 힐링이 된다.

020

,

바람이 느껴지는 곳, 신창풍차해안

'앗! 장갑을 두고 내렸네.'

버스가 떠나고 점퍼 호주머니에 손을 넣어보고 나서야 알았다.

'어쩐지 자리에서 일어날 때 뭔가 허전하다 했어.'

저 멀리 해안가에 우뚝 솟은 하얀 풍력발전기들을 보니 벌써부터 손끝이 아려오는 것 같다. 바람을 탄 날개가 잘도 돌아간다. 어쩌겠나. 이미 버스는 떠나버린걸. 어쨌든 가보자.

일주버스를 타고 제주도의 도로를 따라 달리다보면 먼발치에서 풍력발전기가 돌아가는 해안을 만나게 된다. 오름에 올라서도 간간이 거대한 바람개비를 만나곤 했다(우리는 풍력발전기를 풍차, 또는 바람개비라고 부르기도 하는데, 사실 이 셋은 각각 다른 용도의 기구들이다. 뭐 굳이 복잡하게 따질 필요없이 그저 학술적이고 딱딱한 풍력발전기라는 말 대신 더 낭만적인 풍차 또는 바람개비라는 표현을 쓰는 게 나는 어감상 더 좋다). 제주도를 대표하는 세 가지 중 바람을 빼놓을 수 없으니, 그것의 힘을 이용해 전기를 끌어내는 발전소들이

있는 것은 당연한 일. 제주도 북동쪽에 행원리 풍차마을이 있다면, 그 반대편에는 신창리 풍차해안이 있다. 이름 그대로 풍력발전단지가 있어 거대한 풍차가 돌아가는 해안이다.
신창풍차해안은 제주시 한경면 신창리에 있는 해안으로, 10여 개의 풍차가 해안 곳곳에 세워져 이국적인 분위기를 풍긴다. 사실 이곳은 2009년 7월 제주시에서 발표한 '제주시 숨은 비경 31' 중 하나지만, 여전히 널리 알려지지는 않았다. 해안도로를 따라 드라이브를 즐기던 여행자들이 뜻밖의 비경에 우연히 차를 멈추게 되는 곳 중 하나일 뿐이다.
버스에서 내려 눈앞에 보이는 풍차만 바라보며 꿋꿋이 걷고 있는데, 자전거를 탄 무리 여섯이 옆을 스치고 지나간다. 간간이 드라이브를 즐기는 차량들도 쌩쌩 바람을 일으키며 지나간다. 바람이 차갑다. 그 바람을 타고 온 바다내음이 비릿하다. 이상하게도 제주도에서는 바다 특유의 짜고 비릿한 내음을 단 한 번도 맡은 적이 없는데, 신창풍차해안에서만 유

독 자극적이다. 이유는 알 수 없다.
걷는 길이 유독 길게 느껴진 건 아마 바람 탓일 게다. 버스 정류장에서 걷기 시작해 10여 분 후에야 바다목장 입구에 도착했다. 신창풍차해안의 또 다른 이름은 '바다목장'이다. 바다가 보이는 목장이 아닌, 진짜 바다 생물들을 기르고 있는 목장이라는 뜻이다. 이곳에서는 해상낚시터와 바다에 돌을 쌓고 물을 막아 물고기를 잡는 방식의 원담(육지에서는 독살이라고 부른다)체험장이 운영되고 있다. 남녀노소 누구나 바다를 체험해볼 수 있는 생태체험장인 것이다.
풍차해안은 가까이에서 더욱 이국적인 정취를 보여준다. 노란색 벽에 유럽식 주황색 지붕을 덮고 있는 건물은 펜션인 줄 알았는데 한국남부발전 국제 풍력센터였다. 건물 옆으로는 산책로가 시원하게 바다로 이어지고 있다. 그 길을 따라 바다를 향해 걷고 있자니, 귓가에 웅웅대는 소리가 들려온다. 풍차가 돌아가는 소리인데, 그 소리가 마치 비행기 엔진 소리와 비슷하다. 바람은 풍차를 돌리고, 풍차는 돌아가며 다시 또 바람을 일으킨다. 순환의 연속이다. 물빛을 보니 감동이 밀려온다. 한 바다에서 어쩌면 이렇게 다양한 색깔을 낼 수 있을까? 세어보려다 말았다.

산책로의 끝에 이르자 바다를 가로지르는 기다란 다리가 놓여있다. 해상 낚시터로 이용되는 곳이라는데, 날씨가 쌀쌀해서인지 낚시꾼은 보이지 않는다. 계단을 올라 다리 위에 서자 발아래 투명한 바다가 펼쳐진다. 두 다리가 후들거린다. 다리 끝에 서 있는 풍차는 한 걸음 한 걸음 다가갈수록 거대한 크기를 뽐내며 위용을 자랑하고, 날개가 돌아가면서 내는 바람 역시 점점 거세져 주변의 모든 것을 날려버릴 기세다. 바람 때문인지, 기분 탓인지, 다리도 덜컹덜컹 소음을 내며 미세하게 흔들리는 것 같다. 극도의 불안감에 걸음이 점점 빨라졌지만, 그 와중에 아주 잠깐 멈춰 바다를 내려다보는 여유를 잃지는 않았다. 왼쪽으로 시선을 돌려 바다목장에 설치된 은빛 자바리상을 한번 쳐다보고, 오른쪽으로 고개를 돌려 빛깔 고운 바다를 한번 훑는다. 그러다 검푸른 바다 가운데 유난히 투명한 에메랄드빛을 내고 있는 거대한 가오리를 발견했다.

찰칵! 사진을 찍어 마침 카톡으로 대화를 나누고 있던 옹나에게 전송해줬다.

"나, 가오리를 발견했어. 엄청 큰 가오리."

옹나는 아주 쉽게 속고 말았다. 사실은 색깔이 달라 그렇게 보였을 뿐인데. 낄낄.

다리를 넘어오자마자 풍차 아래로 숨어들었다. 5분이 50분처럼 길게 느껴지는 시간이었다. 바람의 영향권을 벗어나 잠시 숨을 돌린 후 다시 걸음을 옮긴다. 이제 등대로 가는 길이 남았다. 불안감, 두려움 따위, 언제 그랬냐는 듯 콧노래가 흥얼거려진다. 새하얀 등대가 날 기다리고 있는 이 길에서 나는 마치 외딴섬의 등대지기가 된 기분이다. 하루에 두 번 열리는 바닷길을 따라 출퇴근을 하는 등대지기. 현실적으로는 무척이나 외로울 것도 같은데, 상상 속의 그것은 꽤나 낭만적이다.

등대에 도착해서는 그 앞 계단에 가만히 앉아 있었다. 얼마나 지났을까... 정확히 알 수는 없지만, 길지도 짧지도 않은 시간이었다. 그 자리에서 조용히 눈으로 바람을 느끼며 생각했다. 가슴이 답답해질 때면 이곳을 되뇌게 될 것 같다고. 막혀있던 무언가가 뻥하고 시원하게 뚫리는 기분이다. 그나저나 하아... 손 시려 혼났네.

신창풍차해안은 차를 타고 여행하는 드라이브족들에게 안성맞춤인 여행지다. 오른쪽에 바다를 두고 굽이굽이 이어진 해안도로를 달리다 보면 가슴 속까지 시원함이 파고들 것이다. 추운 겨울보다는 목장체험까지 할 수 있는 여름이 좋겠다. 버스로 찾아갈 거라면 서일주노선(702번) 버스를 타야 한다. 신창리 정류장에서 하차해 10분 정도 걸으면 된다.

0 2 1

,

왠지 쓸쓸한 선셋, 이호테우

장마철의 제주도는 잔인했다. 맑은 날이 사무치도록 그리운 여행이었다. 섬에 머무는 5일 내내 비를 머금은 하늘이 야속하기만 했다. 그러던 중 4일째 저녁, 일정을 마치고 숙소로 돌아가는 길, 반갑게도 잠시 하늘이 열리는가 싶었다. 리나언니의 제안으로 월정리로 향하던 차를 돌려 이호테우해변으로 틀었다. 채 걷히지 않은 구름과 구름 사이, 가장 밝은 빛을 내고 있는 곳으로 태양이 모습을 드러내리라 예상하고 자리를 잡았다. 그리고 기다림.

예상은 빗나갔다. 잠시 화장실에 다녀온 사이, 한 자리에서 올곧게 기다리고 있던 일행들은 바삐 차에 오르고 있었다. 예상했던 자리에서 한 뼘 더 왼쪽으로 태양이 모습을 드러낸 것이다. 일사분란하게 자리를 옮겨 물들어가는 하늘과 바다를 담아내기에 여념이 없었다. 구름에 가려 선명한 태양은 볼 수 없었지만, 붉게 물들어가는 하늘만으로도 황홀했다. 모두 감동 어린 표정으로 바다 너머 하늘을 바라보고 있었다. 빛은 사그라

지고 하늘은 불타오를 듯 정열적인 색을 뿜어냈다. 그 속에서 트로이 목마를 닮은 등대 둘이 서로를 외면한 채 등을 돌리고 서 있었다. 왠지 쓸쓸해졌다.

"예전에 혼자 이곳을 찾은 적이 있어. 그때 얼마나 외로웠는지, 한참을 울고 있었어."
세상이 타들어갈 듯 황홀한 일몰을 앞에 두고 수진이는 더없이 외로웠다 했다. 사랑하는 사람과 잠시 이별했을 때 홀로 제주도를 찾았고, 자신만의 감정에 취해 너무도 외로웠던 적이 있었다고 했다. 감성이 최대치로 끌어올려지다 못해 폭발해버릴 정도로 아름다운 풍경 앞에서 때론 한없이 행복해지기도, 또 때론 미치도록 외로워지기도 한다.
우리 유리알처럼 둥글고 투명한 영혼으로 살되, 부서지지는 말자. 인생에서도, 사랑에서도, 그리고 여행에서도 외로운 사람이 되지는 말자.

이호테우해변은 제주공항에서 가장 가까운 해변이다. 이곳에는 제주도 조랑말을 형상화한 등대가 서 있어 이국적인 풍광을 선보인다. 특히 맑은 날 해질녘에 찾는다면 등대의 실루엣이 포인트가 되어 황홀한 선셋을 만날 수 있다. 제주공항에서 대중교통을 이용할 경우 36번 좌석버스를 타고 이호동 주민센터에서 하차하면 된다. 제주시외버스터미널에서는 17번 버스가 다닌다. 하차 정류장은 36번 버스와 동일.

3장

남 쪽

해 안

s o u t h

022

,

혼자 여행자를 위한 아담한 키친, 공천포 요네주방

혼자 떠나는 여행은 자유롭다. 누구 눈치 볼 필요 없이 내키는 대로 목적지를 변경할 수도 있고, 아무것도 하기 싫은 날은 숙소에 틀어박혀 늘어지게 잠을 자도 상관없다. 떠나왔으니 그걸로 여행이다.
나는 게으른 여행자는 아닌 편이라, 가능하면 많은 곳을 보려고 부지런히 돌아다닌다. 그러다 보면 끼니를 거르거나 대충 때우기 일쑤다. 혼자 식당에 들어가는 게 익숙하지 않은 탓도 있다. 혼자 떠나는 여행이 외롭고 불편한 이유는 딱 하나. 바로 먹거리다. 누군들 맛집을 다니며 그 지역만의 먹거리를 즐기고 싶은 마음이 없겠냐만, 대부분의 음식점이 2인 이상만 주문을 받는다. 혼자 여행을 즐기는 이들에게는 꽤 불편한 진실이 아닐 수 없다.
역시나 뭘 먹어야 하나 걱정되는 날이었다. 지인의 소개로 하룻밤을 묵게 된 서귀포 남원읍 어느 펜션은 혼자 지내기엔 방이 너무 컸다. 긴긴밤 외로움에 사무쳐 잠을 뒤척이다, 동이 터오자 슬슬 배가 고파졌다. 정신이 깨어나는 동시에 어디서 뭘 먹을지 걱정하고 있는 이 처량한 현실 앞에서 몸은 침대에 누인 채 휴대폰만 만지작거리고 있었다. '남원 맛집' '서귀포 맛집'... 한 끼를 때워도 맛있는 것을 먹어야겠다는 일념으로 계속해서 검색을 해댔고 딱히 큰 소득은 없었다(혼자 가기엔 어색한 곳이거나, 혹은 끌리지 않거나). 그러다 불현듯 뇌리를 스치고 지나가는 곳이 있었으니, 며칠 전 우연히 알게 된 요네주방이다. 유레카!

요네주방은 오후 12시에 문을 연다(잠시 휴식을 취했다 돌아온 요네주방의 현재 오픈시간은 오전 11시다). 남원읍에 자리한 숙소에서부터 요네주방이 있는 공천포까지는 버스를 타고 열두 정거장! 30분이면 이동할 수 있는 거리지만, 넉넉잡아 11시에 체크아웃을 했다. 아니나 다를까, 내려야 할 정류장을 하나 더 지나 괜한 걸음을 했음에도 불구하고 12시가 되려면 족히 20분은 기다려야 했다. 우선 요네주방이 어디쯤에 있는지만 파악해두고 볕을 피할 곳을 찾았다. 7월의 태양은 너무나 뜨거웠고, 그 볕에 노출되면 금세 통구이가 될 것 같았다. 다행히도 숨을 곳이 있었다. 올레5코스 3분의 1 지점쯤 되는 공천포에는 올레꾼들을 위한 쉼터가 마련되어 있다. 2층의 정자 형태로 이루어진 쉼터는 바다 바로 앞에 있어 시원스런 조망을 확보할 수 있고, 한가운데 있는 큼지막한 평상에 앉아 있으면 바다에서 불어온 바람이 솔솔 몸을 간지럽히기도 한다.

기다리고 또 기다리던 12시! 드디어 요네주방이 문을 열었다. 제주도치고는 검푸른 빛깔을 띠는 바다, 하얀 포말을 일으키며 달려드는 파도, 검은 돌과 모래가 뒤섞여 더 거칠게 느껴지는 공천포해변 바로 앞에 요네주방이 있다. 일부러 찾아오지 않았다면 이곳이 음식을 파는 곳이라는

것을 전혀 눈치채지 못했을 것이다. 특색 없는 하얀 벽에 낡은 나무 미닫이문이 출입구가 되고, 가게 앞에는 모양도 가지각색 빛바랜 작은 의자들이 놓여 있다. 그럴 듯한 간판도 하나 없어, 의자 위에 세워놓은 네모난 나무판에 대충 휘갈긴 듯한 글씨(Cafe 요네주방+주방상회)만이 이곳이 요네주방임을 말해주고 있다(나중에 안 사실이지만, 원래 있던 간판은 태풍 볼라벤 때 떨어져 나갔다고 한다. 왠지 간판 없는 집이 더 맛집 같아 보여 만들 생각이 없었는데, 찾아오는 손님들이 바로 앞에서 헤매는 걸 보고는 안 되겠다 싶어 만든 게 의자 위에 세워놓은 작은 간판이란다).

예상했던 대로 오늘 요네주방의 첫 손님이 되었다. '드르륵' 나무문을 열고 들어서자, 내 또래나 되어 보이는 작은 체구의 여주인 '요네'가 오픈 준비에 한창이다. 채 준비도 끝내기 전에 쳐들어온 손님이 달갑지 않은 것 같은 표정은 괜히 멋쩍은 내 기분 탓일까?

"안녕하세요~."

인사를 건네는 목소리에 짐짓 명랑함을 담아보지만 어색함을 숨길 수가 없다.

"어서 오세요."

"제가 너무 일찍 왔죠? 천천히 준비하세요."

무심한 듯 인사하고 주방으로 들어가는 그녀의 뒤통수에 대고 혼잣말을 중얼거리지만, 돌아오는 대답은 없다. 사실 알고 있었다. 이곳에 오기 전 이미 그녀의 블로그에서 본 적이 있다. 자신이 무뚝뚝한 것은 친절하지 않아서가 아니라 낯을 가려서라고.

요네주방은 혼자이거나 소수의 손님을 선호한다. 공간이 협소한 이유도 있겠지만, 여러 명의 손님이 한꺼번에 들이닥칠 경우 혼자서 감당할 자신이 없다는 것이 여주인의 변이다. 요네주방에는 세 개의 테이블이 놓여 있는데, 그 중 주방과 마주보고 있는 테이블에는 '잘 생긴 남자만 앉으시오'라는 푯말이 놓여있다. 가장 마음에 드는 자리를 선점할 수 있는 것은 첫 손님으로서의 특권! 나의 선택은 세 개의 테이블 중 하나가 아닌 바다를 마주보는 창가 쪽 바 자리다.

요네주방의 메뉴는 매우 심플하다. 여주인 혼자서 운영하는 작은 키친이기 때문에 그게 최선이다 싶기도 하다. 술과 음료를 제외한 요리메뉴는

단 다섯 가지로, 샐러드 파스타, 명란 크림파스타, 달매콩커리(키마커리), 두부 치즈 케이크, 홈메이드 요거트가 전부다. 먼저 맥주 한 병을 주문해놓고 창가 자리에 앉아 바다 한 번 바라보고, 술병에 한 번 입맞춤을 하며 한낮의 느긋함을 즐긴다. '저는 혼자 오시는 손님을 무척 좋아합니다. 혼자 오셔서 낮술 하시는 손님은 사랑합니다.' 요네의 블로그에는 이런 글귀도 적혀 있었다. 나… 사랑받기 위해 몸부림치고 있다.

점심 메뉴로 달매콩커리를 주문해놓고는 여주인이 요리를 하는 동안 그녀의 키친을 살핀다. 내 원룸 크기만큼이나 자그마한 공간이라 고개만 휙 돌려주면 모든 것들이 시야에 들어오지만, 굳이 자리에서 일어나 구석구석 살펴본다면 숨어 있는 아기자기한 매력들을 발견할 수 있다. 출입구 안쪽 모퉁이에는 작은 화분들이 가지런히 놓여 싱그러움을 더하고,

천장에 걸린 모빌이나 전등, 벽면 선반 위에 놓인 그릇이며 소품들의 디자인은 소녀스러우면서도 위트가 있다. 주방 옆에 마련된 작은 방에서는 '주방상회'라는 구멍가게를 운영하고 있다. 요네가 천재라고 부르는 제주도 거주 예술가들이 직접 만든 핸드메이드 제품들이 판매되고 있는데, 제주도에서는 이미 유명인사가 된 선자살롱(카페)의 주인장 임선자 씨가 색실을 엮어 만든 액세서리부터 한 땀 한 땀 바늘을 꿰어 만든 봉부인(게스트하우스 프로젝트 비의 주인장)의 바느질 소품들, 이외에도 직접 그려 만든 엽서나 캘린더 · 메모지 등 구경거리 · 살거리 등이 가득하다. 어지럽혀진 주방 앞 테이블까지도 왠지 멋스럽게 느껴지는 이곳, 빈티지하면서도 왠지 일본의 아기자기함을 닮았다.

카페와 주방상회를 둘러보는 동안 주문한 달매콩커리가 내어졌다. 뜨끈한 밥 위에 얹어진 붉은 커리소스에서 하얀 김과 함께 매콤한 향기가 모락모락 올라온다. 계란 노른자를 살짝 익혀 올리고 파를 송송 썰어 뿌려둔 모양새가 보기만 해도 군침이 돈다. 콩이 들어가 있어 고소하면서도 매콤한 맛이 일품인 메뉴, 단연 요네주방의 최고메뉴로 손꼽힐 만하다. 갓 내어진 뜨

거운 열기에 눈물 콧물을 훔쳐대면서도 숟가락질을 멈추지 못할 만큼.
요네주방은 일본의 소설이자 영화로도 제작된 '달팽이식당'을 모티브로 했다고 한다. 원작을 보고 찾아간다면, 또 색다른 느낌을 얻을 수 있지 않을까?

요네주방은 공천포해변 바로 앞에 있다. 오전 11시에 문을 열어 보통 오후 9시까지 영업을 하고, 휴무는 매주 화요일로 정해졌지만, 사실 영업시간은 주인장 마음이다. 주인장은 내키는 대로 여행을 떠나거나 문을 닫는다. 식사는 오후 2시까지만 주문 가능하며, 저녁에는 와인과 간단한 안주를 판매하고 있다. 미리 전화로 문의해보고 찾아가는 것을 추천한다.

요네주방

- **주소** 서귀포시 남원읍 신례리 30-6번지
- **문의** 010.7737.0299

023

,

아름다운 해안올레,
올레7코스

참으로 오랜만에 올레길에 나섰다. 2012년 5월 이후로 처음이니 어느덧 긴 시간이 흘렀다. 사실 그해 7월 올레길에서 흉악한 사건이 일어난 후 걷기를 멈췄었다. 혼자 길에 섰던 적이 많았기에, 어쩌면 나 자신의 일이 될 수도 있겠다는 두려움이 앞섰다. 그 후로 아주 오랫동안 이를 갈았다. 다행히 이번에는 혼자가 아니다. 종아리가 묵직해질 때까지 걷고 싶었는데 함께 걷겠다는 이가 나타났다. 틈틈이 함께 떠남을 즐기고 있는 귀여운 나의 여행친구 옹나와 함께다. 올레꾼들이 가장 사랑한다는 아름다운 해안올레, 올레7코스에 도전한다.
올레길의 시작은 언제나 같다. 어김없이 올레여권에 스탬프를 찍고 스타트를 끊는다. 진분홍 · 진보라색의 화려한 수국이 양 옆으로 만발한 계단을 내려가니 숲으로 들어서는 입구에 작은 나무집 '솔빛바다'가 있다. 올레관광안내소 겸 카페로 운영되고 있는 공간이다. 길을 걸으며 마실 생수와 간식거리로 오메기떡을 사들고 나왔다. 제주 향토음식인 오메기

떡은 차조가루 반죽에 팥이나 콩고물을 묻혀 만들어낸다. 현재 시중에서 판매되고 있는 것들은 차조가루 대신 쑥으로 빚어내기도 하는데, 부드럽고 고소한 맛이 일품이며, 한 번 맛을 들이고 나면 문득문득 생각이 날 정도로 중독성이 있다.

간식용으로 구입한 오메기떡이지만, 참지 못하고 비닐을 벗겨냈다. 한 입 베어 물고 소나무 숲길로 들어선다. 입안에 번진 향긋한 쑥 향기와 더불어 코끝을 스치는 솔잎 내음에 절로 마음이 잔잔해진다. 송림 사이 산책로를 걷다 보니 아찔한 절벽 너머 깊고 푸르른 바다가 나타나고, 왼편으로는 멀리 세연교가 보인다. 세연교는 서귀포항과 새섬을 연결하는 다리로, 제주도 전통 배 '테우'를 연상케 한다지만 글쎄, 내 눈엔 그저 조악해보일 뿐이다. 왠지 제주도와는 어울리지 않아 볼 때마다 거슬린다. "흠... 저거 맘에 안 들어." 옹나에게 괜한 푸념을 하고는 인상을 찌푸리며 오른쪽으로 시선을 돌리자, 이번에는 외돌개 쪽의 장엄한 기암절벽들이 모습을 드러낸다. 변덕스럽게도 이번에는 언짢은 마음이 가라앉는다. 널찍한 바위 위에 서서 바람을 맞으며 멋들어진 풍광을 눈에 담고 나니 걷기가 귀찮아진다. 이 자리에 철퍼덕 양반다리 하고 앉아 그저 한없이 신선놀음이나 즐기고 싶구나.

더뎌지려는 걸음을 재촉해 다시 길을 나서니, 이어 국가지정문화재 명승 제79호 외돌개가 보인다. 외돌개는 화산이 폭발해 용암이 분출된 지대에 파도의 침식작용이 더해져 형성된 돌기둥이다. 돌이 외로이 홀로 서 있다 하여 붙여진 이름으로, '장군바위'라고도 불린다. 고려 말 최영 장군이 원나라를 물리칠 때, 범섬으로 달아난 잔여세력들을 토벌하기 위해 바위를 장군의 모습으로 변장시켰다는 설화에서 유래한 것이다. 드라마 〈대장금〉을 통해 일어난 한류 열풍과 함께 촬영지였던 외돌개 역시 그 유명세가 대단한가 보다. 이제 더 이상 외롭다는 의미가 어울리지 않을 정도로 많은 관광객들이 찾아오고 있다. 한국인들보다 중국이나 동남 아시아계 여행객들이 대다수를 차지한다. 우리나라 곳곳이 세계인들에게 사랑받고 있다는 것은 뿌듯하고 감동스러운 일이지만, 한편으로는 걱정도 앞선다. '위험하니 들어가지 마시오'라는 문구가 각국의 언어로 적혀

있음에도 불구하고 사람들은 아무 의식 없이 난간을 넘는다. 그리고 이를 제지하는 사람도 없다. 너무나 당연하게 금지 행위가 이루어지고 있는 것이다. 몇 달 전 찾았던 섭지코지에서는 아무렇지도 않게 담배를 피우는 외국인(굳이 국적을 밝히진 않겠다) 남자를 보았다. 역시 나무라는 사람이 아무도 없었다. 물론 나도 모른 체 했다. 굳이 변명을 하자면 우리나라에 온 손님을 불쾌하게 하고 싶지 않아서였다. 하지만 후회한다. 분명 정중하고도 따끔하게 혼을 냈어야 했다. 잃고 나서 돌이킬 수 없을 때, 늦은 후회는 어리석은 짓이다. 우리는 이미 많은 것을 잃었지 않나.

찝찝한 마음을 달래며 외돌개를 지나 돔베낭길에 들어섰다. 이 코스는 해안 절벽을 따라 상록수림을 지나게 되는데, 제주도민들도 자주 찾는 산책로다. 길은 대부분 평이해 쉬엄쉬엄 걷기 좋으며, 중간중간 치솟은 야자수들과 절벽 위에 서서 바라보는 서귀포 앞바다의 풍경이 이국적이다. 길목에는 카페나 노점상이 있어 잠시 목을 축이거나 주전부리를 즐기며 쉬어가기에도 좋다. 돔베낭길을 지나 속골까지는 아스팔트길이다.

차가 다니는 도로를 걷다 카페 '봄므'가 보이는 골목에서 좌회전을 하면 마을로 진입하게 되고, 그대로 길을 쭉 따라가면 속골유원지에 이른다.

"와아~! 저기 좀 봐~!"

속골유원지로 들어서자마자 나는 옹나에게 소리치고 말았다. 계곡이 흘러 바다로 이어지는 얕은 물가에 평상이 놓여 있고, 그 위에는 중년 커플이 마주보고 앉아 한가로이 식사를 즐기고 있었다. 말 그대로 물 위에서의 오찬이었다. 옆에 비어 있는 평상이 두어 개쯤 눈에 들어오자, 순간 갈등이 일어났다.

'올레 시작점에서 속골까지 약 3.4km를 쉬지 않고 걸어왔으니 이쯤에서 좀 쉬었다 가도 괜찮지 않을까?' 하지만 이내 고개를 절레절레 흔들었다. 이런 자리에서라면 술잔을 들어줘야 제대로 즐겼다 할 수 있다. 하지만 그랬다가는 길을 포기하고 그대로 주저앉기 십상이다. 풍류와 분위기에 약한 나란 여자! 흔들릴 만한 유혹은 애초에 구실부터 만들지 말아야 한다. 두 눈 질끈 감고 다시 걷기.

한적한 해안길을 따라 가다 보면 소철나무동산에 오르게 된다. 바다를 배경으로 언덕을 따라 걸으면 갖가지 선인장과 야자수, 그리고 소철나무들이 길동무가 되어준다. 소철나무동산 다음은 올레꾼들이 가장 아끼고 사랑하는 자연생태길 수봉로다. 자연의 힘은 상상도 하지 못할 정도로 위대하지만, 간혹 사람의 의지라는 것도 만만치 않다는 것을 느낀다. 원래 사람이 다닐 수 없고 염소들만 노닐던 곳을 삽과 곡괭이만으로 홀로 다듬어 길을 만들어낸 김수봉씨가 그렇다. 낮은 초목들에 둘러싸여 흙길을 걷고 있자니, 언덕 아래 몽돌 해변과 저 멀리 밤섬의 풍경이 자연스레 시야에 들어온다. 아무 생각 없이 무념무상, 그저 눈에 보이는 풍경을 바라보며 호젓하게 걷기 좋은 길이다.

약 4.8km 지점, 법환마을에 들어섰다. 서귀포시에 있는 법환마을은 국내 최남단의 해안촌이다. 현재 제주도에서 해녀가 가장 많은 마을로, 해녀들의 삶과 전통생활 문화가 생생하게 보존되고 있어 해녀마을로도 불린다. 이를 증명이라도 하듯 해안가 광장에는 해녀상들이 세워져 있어 이색적인 볼거리를 제공한다. 해녀마을에 왔으니 점심 끼니는 해녀의 집에서 때우기로 한다. 전복죽을 주문하려 했지만 오늘은 전복이 똑 떨어졌다기에 별 수 없이 소라 성게죽과 회국수를 시켰다. 제주도에는 어느 마을에건 해녀들이 운영하는 식당이 있다. 그리고 언제나 그곳에서의 식사는 실패하지 않는다는 나만의 공식이 있었다. 그러나 웬일인지 이곳만은 그 기대를 채워주지 못했다. 회국수의 면발은 탱탱 불어 먹기가 불편했고, 죽은 간이 세서 물을 두 번이나 부었지만 소용없다. 힘들게 물질을 하는 해녀들의 노고를 알기에 내색은 하지 않았다. 다만, 오늘은 요리하시는 분의 컨디션이 좋지 않았을 거라고 위안을 삼는다.

점심을 먹고 나오니 구름으로 뒤덮였던 하늘이 점차 개어간다. 초여름 뜨거운 햇살이 스물스물 모습을 드러낼 참이다. 온몸에 선크림을 덕지덕지 바르고 나서 올레7코스에서 가장 험난하다는 길에 들어섰다. 두머니물에서 서건도까지 이어지는 해안길이다. 큼직한 바위들이 울퉁불퉁 튀어나온 데다 자갈까지 깔린 길을 걷고 있자니 발바닥이 뻐근하게 아파온다. 혹여나 돌부리에 걸려 넘어지지 않을까 온 신경이 곤두서 있어 피곤하기까지 하다. 그도 그럴 것이 원래 이 길은 수봉로와 마찬가지로 사람이 다닐 수 없었는데, 일일이 손으로 돌을 고르고 옮기는 작업을 거쳐 지금에 이른 것이다. 길 옆 곳곳에 놓인 돌 조각들은 더 아름다운 길을 만들고자 했던 사람들이 틈틈이 쌓아 올린 작품들이다. 강정은 예로부터 물과 땅이 좋아 곡식들이 제주에서 제일이라 하였고, 이에 '일강정'이라 불렀다. 일강정에 바다를 끼고 난 길이라는 의미로 이 길을 '일강정 바당올레'라고 부르기도 한다.

일강정 바당올레는 서건도라는 섬을 지난다. 그런데 이 섬의 원래 이름이 '썩은섬'이라니... 참 거시기하다. 하지만 그렇게 부르게 된 데에는

분명한 이유가 있다. 섬의 토질이 죽어 아무런 식물이 살 수 없다 하여 붙여진 이름이다. 썩은섬은 바다에 갇혀 있다가, 하루에 두 번 물길이 열린다. 우리가 도착한 시간에도 물길은 열려 있었다. 하지만 점점 물이 차오르고 있었기에 섬까지 가는 것은 포기했다.

풍림리조트 입구에 이르러서는 길을 잃었다. 올레길 표식대로라면 바다 쪽으로 길을 안내하고 있는데, 아무리 봐도 길이 없다. 우리보다 앞서 길을 걷던 올레꾼은 되돌아갔고, 나도 그 뒤를 따르려던 찰나! 옹나가 신발을 벗어들었다. 발목까지의 수심에 물살은 세지 않으며 폭도 좁아 이 정도면 충분히 걸어서 건널 수 있을 것 같았다. 나도 옹나를 좇아 신발과 양말을 차례로 벗고 한발 한발 조심스레 건너기 시작했다. 시원한 물속, 윤기가 반질반질한 몽돌을 밟는 감촉이 좋아 얼굴에 함박 웃음꽃이 피어났다. 물길을 건너고 나서는 자갈밭 위에 주저앉아 발을 말렸다. 덕분에 잠시 쉬었다 갈 수 있는 시간까지 덤으로 얻었다. 때로는 꼭 정해진 길이 아닌 나만의 길을 개척하는 것도 짜릿하다. 물론, 스스로 안전을 책임질 수 있을 때에 한해서...

약근천은 내의 크기가 강정천에 버금간다 하여 '버금가는' 또는 '다음'을 뜻하는 '아끈'을 붙여 지은 이름이다. 엄밀히 말하면 아끈천이 맞다. 약근천은 상류에서부터 하류까지 맑고 차가운 물이 흘러 옛날 여름철이면 주민들이 모여 씨름판을 벌이던 피서지이기도 하다. 내천의 상류 쪽에는 비가 온 후에만 볼 수 있는 엉또 폭포가 또 다른 비경이다.
약근천 옆 계단을 오르면 풍림리조트 올레 베이스캠프, 곧 올레7코스의 중간 스탬프를 찍을 수 있는 지점에 닿는다. 이곳에서는 게시판을 통해 올레길에 대한 정보들을 얻을 수 있으며, 목을 축일 수 있는 식수대나 휴식을 취할 수 있는 정자전망대가 설치되어 있다. 전망대에 놓인 바닷가 우체국에서 소중한 사람에게 엽서 한 장 띄워보는 것도 여행 중의 낭만이 되겠다.

'해군기지 결사반대'
까만 글씨가 적힌 노란 깃발이 바람결에 나란히 흩날린다.
'구럼비야 보고싶다'
길바닥에도, 담장에도, 현수막에도 마음을 어지럽히는 문구들이 빼곡하다. 사실 일강정 바당올레를 걸어오며 내내 마음이 쓰였던 부분이 있었으니, 그것은 다름 아닌 바다 쪽 훤히 눈에 들어오는 공사 현장들이었다. 제주 강정마을에 해군기지가 건설되고 있다는 것은 이미 알고 있었지만, 그 현장을 직접 보니 묵직한 무언가가 가슴을 짓누른다. 나라 안보에 관련된 부분이기에 해군기지의 필요성에 대해서는 함부로 말할 수 없는 부분임을 인정한다. 다만 세계 어디에서도 볼 수 없는 유일한 구럼비 바위와 그 일대, 바위에서 용천수가 솟아나는 국내 유일의 바위 습지대를 잃어버린 것에 대해서는 통탄스럽기 그지없다. 이 땅의 자연은 비단 우리의 것만이 아니며, 후손들에게 물려줘야 할 소중한 유물이기도 하다. 절대 보존지구로 지정된 곳을 밀어버리는 나라가 또 있을까? 구럼비를 지키지 못한 강정마을 주민들의 통탄 어린 외침이 골목길 곳곳을 메우고 있는 것 같아 가슴이 먹먹해진다.

강정마을에서 해안길을 따라 월평포구와 굿당 산책로를 차례로 지나면 올레7코스는 끝을 맺는다. 종점인 송이슈퍼에 도착한 시간은 오후 5시 45

분. 오전 10시 40분부터 걷기 시작했으니 장장 일곱 시간을 걸은 셈이다. 사실 강정마을을 지나고 부터는 걷는 재미가 없어져버렸다. 오래 걸어 지치기도 했지만 마음의 문제가 더 클 것이다. 지인들로부터 올레길 중 7코스가 제일이라는 말을 많이 들어왔던 터라 기대감이 컸던 것도 사실이다. 올레7코스는 강정마을의 구럼비가 있었기 때문에 더 아름다웠을 것이다. 지금의 코스는 강정마을 구럼비 바위를 경유하는 초창기 코스와 다르게 마을 골목길을 돌아가도록 재정비되었다. 원래 코스였던 구간은 현재 해군기지 건설공사로 펜스가 쳐져 흉물스럽기 짝이 없다. 너무 늦게 찾은 이 길이 그저 안타깝고, 지켜주지 못한 것이 미안할 뿐이다.

올레7코스는 외돌개에서 시작, 법환포구를 경유해 월평포구까지 이어지는 해안올레로, 올레길 중에서도 난이도 '상'에 해당된다. 길이가 길지는 않지만, 수봉로의 언덕길과 일강정 바당올레에서 서건도 사이의 바닷길을 걷기가 다소 험난하기 때문이다. 제주올레국에서 공식적으로 표기하고 있는 소요시간은 4~5시간이며, 느긋하게 쉬다 걷다를 반복하다 보면 7시간을 훌쩍 넘기기도 한다.
올레길에 나설 때는 자신의 안전을 책임지기 위한 주의사항을 기억해두자.

첫째, 제주 올레길을 이끄는 표식(화살표&리본)을 따라 꼭 정해진 길로만 갈 것.
둘째, 혼자 걷는 여성 올레꾼은 출발 전 제주올레센터에 신고해둘 것 (064.762.2190).
셋째, 길을 잃었다면 마지막 표식을 본 자리로 돌아가 다시 표식을 찾을 것.
넷째, 차도에서는 도로의 가장자리에 붙어서 걸을 것.
다섯째, 해가 지기 전에 걷기를 마무리할 것.
여섯째, 태풍, 호우, 폭설 시에는 걷기를 자제할 것.

올레7코스 : 총 13.8km / 4~5시간 소요

024

,

대평리에서
어슬렁어슬렁

최악의 상황을 경험하고 나니 오늘에 감사하게 된다. 어제 제주 섬에 들어온 나는 모진 비바람에 혹독한 하루를 보내야 했다. 우산은 무용지물이었다. 내 의지와 상관없이 바람 부는 대로 이리저리 뒤집어지는 통에 마지막에는 우산을 접어버렸고, 숙소로 돌아왔을 때는 옷도, 가방도, 머리카락도, 온통 홀딱 젖어 축 늘어져 있었다. 내내 우울했던 마음은 오늘 아침 창밖을 내다보고서야 누그러졌다. 바람 소리는 여전히 요란했지만 다행히 비는 그쳐 있었다. 비바람이 계속되면 서울로 올라갈 생각으로 비행기 티켓까지 예매해놓은 터였다. 하지만 돌아갈 필요가 없을 것 같다. 티켓을 취소하고 다시 여행을 시작한다.

버스를 타고 굽이굽이 고즈넉한 마을길을 지나 대평리에 왔다. 버스에서 내리자 정류장 옆 담장에 커다란 마을 안내도가 있기에 대충 쓱 훑어보고 걸음을 옮긴다. 대평리는 올레8코스와 9코스가 만나는 해안마을로,

용왕 난드르 마을이라고도 부른다. '넓은 들판'이라는 뜻의 '난드르'는 대평리의 옛 이름이다. 마을에 유난히 밭들이 많은 것이 그 이름과도 연관지어 생각해볼 수 있겠다. 대평리의 주 농작물은 마농이다. 마농이 무엇인고 하니 마늘이다. 제주에서는 마늘을 마농이라고 부른다. 프랑스 어느 화가의 이름 같다. 마늘 수확철이 되면 마을은 온통 알싸한 향기로 가득하다. 그나저나 마늘밭이 이렇게 예쁜 줄 예전엔 미처 몰랐다. 키 큰 초록색 줄기들이 쭉쭉 뻗어 있는 광활한 마늘밭은 바다와도 검은 돌담과도 무척 잘 어울린다. 그리고 낮은 지붕을 이고 있는 제주 고유의 돌집과도 조화롭다.

길을 걷다 보니 '사소한 골목'이라는 간판이 눈에 들어온다. 골목 끄트머리에 있다는 안내를 보고 길을 따라가니 막다른 골목에 백구 한 마리가 서 있다. 낯선 사람을 봐도 짖지 않는 순한 녀석이다. 개집에 달린 문패를 보니 이름이 '무쌍이'다. 알고 보면 변화무쌍한 녀석이라는 뜻인가? 가까이 다가서자 무쌍이도 조용히 다가와 머리를 조아린다. 쓰다듬어 달라는 표시인가 보다. 머리를 몇 번 쓰다듬어주는 동안 녀석은 발 냄새를 킁킁 맡아댄다. 어제 비를 맞은 채로 신발을 다 말리지 못해 냄새가 좀 나긴 할 거다. 끙.
이름이 맘에 들어 와봤는데 가정식 상차림을 내놓는 카페였다. '그래. 오늘 점심은 여기서 해결하자.' 마침 끼니때가 되어 안으로 들어섰다. 잔잔한 음악이 흘러나오는 카페에서는 맛있는 냄새가 진동한다. 문을 열고 들어서자마자 오른쪽으로 보이는 주방에서는 탁탁탁탁, 지글지글, 요리하는 소리가 경쾌하다. 창과 마주하고 있는 가장 탐나는 자리에는 한 여행자가 엎드려 졸고 있고, 또 다른 테이블에는 아이와 젊은 부부가 식사를 마치고 단란한 시간을 보내고 있다. 참 나른한 분위기의 밥집이로다.
남은 자리 중 가장 구석진 자리를 택해 앉자 주방에 있던 언니가 메뉴판과 따뜻한 물을 내온다. 식사메뉴는 딱 세 종류. 샐러드세트와 가정식 백반, 그리고 야채 카레밥이다. 집밥이 그리웠던 나는 가정식 백반을 주문했고, 따뜻한 물 한 모금을 마시고 나서 카페 안을 눈으로 훑어보는 사이 음식이 내어졌다. '사소한 골목'의 백반은 3일마다 구성이 바뀐다. 오늘의 메인은 간간한 감자 계란국과 땅콩 소스가 곁들여져 고소한 가지튀김 샐러드다. 무장아찌와 잘 졸여낸 두부, 매콤한 멸치볶음, 삼삼하게 무친 동초나물, 바삭한 돌김구이, 김치가 밑반찬으로 나왔다. 맛도 상차림도 참 정갈한 곳이다.

2월 중순, 제주도에는 벌써 봄기운이 느껴진다. 길 한가운데서 노닥거리

사소한 골목

다 인기척이 느껴지자 눈치를 보며 슬슬 숨는 길고양이들에게 시선을 뺏겨 하마터면 지나칠 뻔했다. 발치로는 샛노란 유채꽃이 화사하고, 고개를 들면 분홍색 동백이 담장 아래로 고개를 내밀고 있었다. 길가에 늘어선 꽃송이들 덕분에 발걸음도 가볍다.

걷다 보니 대평포구가 코앞이다. 인적 없는 포구에 어선들만 묶여 있는 고요한 분위기 속에서 박수기정의 위엄이 압도적이다. 박수기정은 대평포구 바로 옆에 서 있는 절벽으로, 바가지로 마실 샘물이 솟는 절벽이란 뜻이다. 수직으로 깎인 주상절리 절벽이 먼발치에서 보기에도 아찔했는데, 가까이 다가가자 더 웅장한 자태를 보여준다. 해안에서 바다를 향해 튀어나와 있는 모양새가 성산일출봉이나 산방산을 떠올리게도 하는데, 그것들만큼 알려져 있지 않는 게 이상할 정도로 경이로운 경관이다. 하긴, 박수기정은 여러 번 제주를 들락거렸던 나도 처음 본다. 들어본 적조차 없는 게 신기하다. 그래서 제주도는 더 신비롭고 재미있다. 보고 또 봐도 미처 발견하지 못했던 면면들이 생겨난다. 다음 여행에는 또 어떤

새로운 것들을 만나게 될지 궁금하고 설렌다.

방파제 끝에 빨간 등대가 있는데, 아까부터 계속 누군가 그 위에 올라서 있다. 처음에는 관광객들과 함께 사진을 찍기에 일행인 줄 알았다. 그런데 무리가 떠나간 후에도 혼자 남아 같은 자리를 지키고 있었다. 이상하다 싶어 가까이 다가가서야 그 정체를 알게 되었다. 예쁘장한 소녀가 먼 바다를 응시하며 누군가를 애타게 기다리고 있었다. 그리고 그것은 사람이 아닌 동상이었다. 어떤 연유로 등대 위에 소녀상이 세워진 것인지는 알 수 없지만 왠지 모르게 애틋하고 아련한 느낌이 전해진다.

해안을 따라 걷다 갯바위를 밟고 내려섰다. 짊어지고 다니느라 내내 어깨가 뻐근했던 배낭을 잠시 내려놓고 바위틈에 자리를 잡고 앉자마자 명당을 찾았음을 직감했다. 바다 너머 맞은편에는 박수기정의 절경이 바로 보인다. 앉은 자리 바로 앞 바위틈에 생긴 웅덩이에는 하늘과 박수기정이 함께 담겼다. 왼쪽으로 고개를 돌리니 형제섬과 가파도가 아득히 시야에 들어온다. 바람이 잦아든 것인지, 바위가 바람을 막아준 것인지, 세

차게 불어오던 바람마저 미미하다. 큼직한 바위가 등을 받쳐주니 홀로 아늑하고 평화롭다. 햇살 따스한 봄날이라면, 딱 이 자리에 죽 치고 앉아 책도 읽고 캔맥주도 홀짝여주다 노곤해지면 그대로 꾸벅꾸벅 졸고 싶다.

배회를 멈추고 '물고기 카페'에 왔다. 대평리에는 은근히 유명세를 타고 있는 곳들이 여럿 있는데 그 중 한 곳이 바로 물고기 카페다. 이곳이 이름을 알리게 된 이유는 따로 있다. 바로 〈꽃잎〉 〈거짓말〉 〈성냥팔이 소녀의 재림〉 등을 연출했던 장선우 영화감독이 운영하는 곳이다. 장선우 감독은 없었다. 카페 안으로 들어서자 비슷한 단발펌을 한 여자 둘이서 굉장히 시니컬한 표정으로 손님을 맞았다. 그 중 한 분은 장선우 감독의 부인이라고 알고 있다. 분위기는 카페라기보다는 작가의 작업실 같다. 대

부분 목조로 이루어진 인테리어가 한옥 느낌을 준다. 가운데에는 긴 6인용 목조 테이블이 놓여있고, 양쪽으로 각각 온돌방과 좌식 테이블, 4인용 양식 테이블이 있다. 자리에 앉자 무게감이 느껴지는 커다란 나무 메뉴판을 가져다준다. 사찰이나 정자 현판으로 써도 될 만한 크기다. 차 한 잔 하려다 시원한 병맥주가 있기에 하이네켄 한 병을 주문했다. 함께 나온 유리잔에 맥주를 따르고 한 모금 들이키고 나니 그제야 마음의 여유가 생기며 음악이 들린다. 물고기 카페에서는 잔잔한 재즈선율이 맴돌고 있었다. 창밖으로 보이는 앞마당에서 갈대를 닮은 가늘고 기다란 풀잎이 바람결에 한들한들 춤을 춘다. 그 몸짓이 카페 안에서 흘러나오는 음악과 절묘하게 어울린다. 한 시간 정도 카페에 머물렀다. 아무것도 하지 않고 멍하니 앉아 눈으로 창밖의 바람을 느꼈다. 그러다 가끔 김이 빠져가는 맥주를 홀짝였다. 카페를 나서며 물었다.

"저 밖에 있는 풀 이름이 뭐예요?"

"팜파스글라스에요."

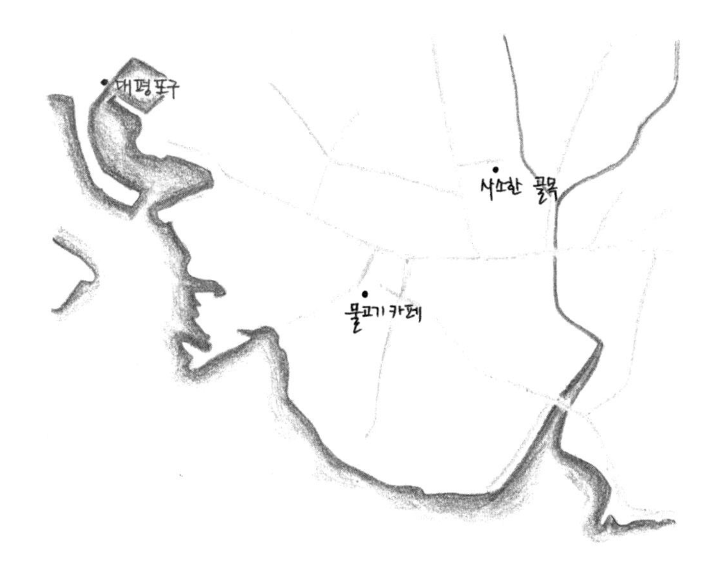

대평리로 가려면 120번 버스를 타야 한다. 읍면순환버스가 다니기는 하나 배차 간격이 길다. 하루 네 번이 전부다. 120번 버스 노선은 남원읍 위미리에서 출발해 서귀포 시내와 중문관광단지를 경유하며 대평리가 종점이다. 대평리로 들어온 버스는 다시 100번으로 번호를 바꿔 출발한다. 들어올 때는 120번, 나갈 때는 100번 버스를 이용하면 된다.

사소한 골목

- **주소** 서귀포시 안덕면 창천리 876번지(대평교회 뒤)
- **문의** 070.4216.0876

물고기 카페

- **주소** 서귀포시 안덕면 창천리 804번지
- **문의** 070.8147.0804

025

,

잔뜩 기대해도 실망하지 않을 올레10코스

동제주에서 버스를 타고 모슬포로 왔다. 예약해두었던 게스트하우스에 짐을 풀고 다시 길을 나서려는데, 현관에서 만난 여행자가 말을 건넨다.

“어디 가시는 거예요?”

“올레10코스 걸으려고요.”

“아~ 10코스 좋죠. 기대를 잔뜩 하고 가도 실망하지 않을 거예요. 근데 그늘이 없어서 좀 더울 거예요. 선크림 듬뿍 바르고 가세요.”

버스를 타고 올레10코스 시작점까지 왔다. 뜨거운 태양이 내리쬐는 화순금모래 해변에 섰다. 차마 발길이 떨어지지 않는다. 왜 금모래 해변이라는 이름이 붙었는지 알 것 같다. 햇볕을 받은 모래가 반짝반짝 빛나는 것이 말 그대로 금빛이다. 손에 한 줌 쥐었다 펴니 고운 모래가 금가루가 되어 날린

다. 아, 이게 진짜 금가루면 얼마나 좋을꼬.
해변에서 다음 구간으로 이동하는 길은 퇴적암들이 밭을 이루고 있다. 멋스러운 바위의 자태에 반해 또 걸음이 지체된다. 언젠가 대만의 '예류'라는 곳을 사진으로 본 적이 있다. 해변에 버섯 모양의 바위들이 울퉁불퉁 솟아 있는 것을 보고 꼭 한 번 가보고 싶다 생각했었는데, 이곳 바위들을 보자니 굳이 먼 나라까지 갈 필요가 없겠다. 느낌은 다르지만 세월의 풍파에 깎이고 다듬어진 검고 큼직한 바위들이 제멋대로 나뒹구는 모습이 가히 압도적이다. 퇴적암 지대가 끝나면 또다시 해변이다. 바닷가에 커다란 함선이 표류하고 있는데, 2011년 8월 7일 태풍 무이파에 좌초된 선박이란다. 소유자와 임대사 간의 법정다툼이 끝나지 않아 인양조치를 못하고 있다는데, 사실 그냥 두는 것도 괜찮겠다는 생각이 든다. 병풍처럼 서 있는 산방산, 초목이 무성한 언덕과 어우러져 꽤 그림이 된다.

해변에서 이어지는 오르막을 오르니 숲길이다. 이내 탁 트인 바다와 검은 주상절리대가 눈에 들어온다. "우와~!!!" 감탄사를 내뱉고야 만다. 주상절리대는 화산 폭발 시 흘러나온 마그마가 갑자기 식으면서 부피가 줄어들어 틈이 생기고, 오랜 세월 동안 풍화작용을 통해 그 틈새가 굵어지며 생성된다. 그 모양이 마치 여러 개의 절편을 겹쳐놓은 것처럼 보여 독특하고 신비로운 풍경을 만들어낸다. 왼쪽으로는 웅장한 절벽 아래 푸른 바다가 있고, 앞으로는 산방산이 든든하게 지켜주고 있으니 걸음걸음이 행복하다. 남은 올레를 걷기 위해서는 숲길로 접어들어야 하는데 또 발길이 떨어지지 않는다. 그냥 이대로 절벽 위에 주저앉아 유유자적 여유롭게 바람이나 맞고 파도소리나 듣고 싶다.

숲길을 지나 다시 작은 모래해변을 지나고, 절벽 아래 바위가 깔린 길을 넘고 나자 또 모래해변. 몇 번의 해변과 바위 밭을 지나고서야 그늘이 나타난다. 뜨거운 햇볕을 피할 수 있다는 것만으로도 반가운데, 그것도 잠시! ATV를 탄 무리가 요란한 소음과 함께 모래 먼지를 날리며 풀숲에서 불쑥 튀어나오는 바람에 혼비백산했다. 주변에 ATV 체험장이 있다는데, 타는 이들은 신날지 몰라도 그 길을 걷는 이로서는 모래먼지와 공해를

뒤집어쓰는 일이 그리 달갑지만은 않다. 모래가 쌓인 사구언덕을 지나 산방산 아래 산방연대(횃불과 연기로 급한 소식을 전하던 옛 통신수단)에 올라섰다. 언덕을 타고 올라오는 간간한 바닷바람이 살랑살랑 옷깃을 흔들어댄다. 아래쪽을 내려다보니 그 경치가 시선을 붙든다. 해안선을 따라 길고 넓적하게 깔린 바위의 구멍 난 틈새로 바닷물이 들었다 났다 하는 모습이 장관이다. 가끔 가만히 자연을 들여다보고 있노라면 그것들에게도 우리가 미처 알아채지 못한 생명이 있을지도 모른다는 생각이 들곤 한다. 아무 의미 없는 것처럼 보이는 움직임들이 어쩌면 우리가 숨을 쉬고 몸을 움직이는 것처럼 이유가 있는 것일 수도 있다. 지금도 그렇다. 끊임없이 물을 마셨다 뱉어내고 있는 바위가 마치 거대한 생명체로 보이는 것은 나뿐일까? 그 위를 걷고 있는 사람들이 깨알처럼 자그맣다.
네덜란드인 핸드릭 하멜은 동인도회사 선원들과 배를 타고 일본으로 향하던 중 풍랑을 만나 우리나라에 표류했다. 학창시절 역사 시간에 들었던 그곳이 바로 이 산방산 아래였다니, 역시 책상머리에 앉아서만 하는 학습이 전부가 될 수 없다. 어쨌든, 하멜은 이후 우리나라에서 생활하며 하멜표류기를 작성했고, 이것이 유럽 여러 나라에 책으로 출간되면서 우리나라를 알린 계기가 되었다. 이를 기념하여 산방산 아래에 하멜 기념비와 당시의 하멜호를 재현해 놓았다. 배의 내부에는 하멜에 관한 내용들을 전시하고 있는데, 사실 겉모양은 매우 조악한 편이다.

가끔씩 두세 명의 올레꾼을 만나기는 하지만 올레길을 걷다가 사람을 만나기는 힘들다. 코스 중간에 소문난 관광지라도 있어야 사람 냄새 좀 맡

을 수 있는데 10코스의 용머리해안이 그렇다. 용머리해안은 산방산 아래쪽으로 길게 튀어나온 부분이 용머리를 닮았다 하여 그렇게 부른다. 해안을 따라가면 장엄한 해식절벽과 파도에 깎인 동굴 등 자연이 만들어낸 경이로운 경관을 감상할 수 있어 제주도에서도 가장 많은 관광객들이 찾는 곳 중 하나지만, 물때나 기상 상황에 따라 입장이 제한되는 경우도 허다하다. 나 역시 입장에 실패했다. 물이 들어오는 시간이라 둘러볼 수 없다는 것이 매표소 안내원의 설명이었다. 할 수 없이 다시 길을 걷다 돌아보는데 용머리해안이 마치 목을 길게 빼고 있는 거북이처럼 보인다. 산방산은 거북이 등껍질 같다.

용머리해안에서 4.5km 정도 떨어져 있는 송악산 역시 관광객들로 넘쳐난다. 배우 이영애를 한류스타로 만들어준 드라마 〈대장금〉이 촬영된 곳으로, 국내 뿐 아니라 세계 각지에서 몰려든 사람들로 인산인해다. 용머리해안에서부터 해안길을 따라 쭉 걷다 보니 어느새 송악산 휴게소에 닿는다. 생수 한 병을 사서 한 모금 들이키고 다시 길을 나선다. 해안 절벽 아래 드넓게 펼쳐진 바다를 옆에 끼고 차분히 걸으니 제법 시원한 바람이 땀을 식혀준다. 승마체험장 부근에서는 길이 두 갈래로 나눠진다. 오른쪽으로 가면 송악산 분화구로 향하는 길인데, 보호기간이라 분화구까지는 갈 수 없단다. 그렇다면 선택의 여지가 없다. 자연스럽게 올레 코스와 통하고 있는 다른 길을 택했다. 이 길에는 우리나라 최남단의 마라도까지 조망할 수 있다는 전망대가 있다. 아쉽게도 가시거리가 좋지 않은 날이라 가파도까지만 눈에 들어온다. 그리고 그 왼편으로 내내 걸어왔던 산방산 일대의 전경도 보인다.

계속 바다를 바라보며 걷도록 나 있던 길은 어느새 작은 초소를 지나 으슥한 수풀로 들어서게 한다. 입구에 조그마한 철창문이 보이자 고개를 갸우뚱 하면서도 올레 표식이 그렇게 안내하고 있으니 믿고 안으로 들어서본다. 과실수들이 양 옆으로 우거져 있어 겨우 한 사람 지나갈 수 있을 정도로 좁은데, 그마저도 이리저리 수풀을 헤쳐야 앞으로 나아갈 수 있다. 개인 소유의 농장인 듯한데 길이 외지고 뭐가 튀어나올지 불안해 작은 나비의 움직임에도 깜짝깜짝 놀란다. 이어 거짓말처럼 넓은 초원이 펼쳐졌다. 푸른 풀들과 예쁜 꽃들이 어우러지고, 화사한 햇살까지 스며들어 평온함이 감돈다. 한참을 앞서 가던 두 친구가 서로의 사진을 담아주며 희희낙락하는 것을 보니 저 친구들도 이곳이 썩 맘에 들었나보다. 두 소녀(또는 아가씨)의 웃음소리가 희미하게 귓가에 들려온다. 혼자 올레길을 걷다 보면 가끔 외로워진다. 함께 감상을 나눌 사람이 없다는 것이 조금은 슬프다.

잠시 헤어졌던 바다와 다시 만나 해송숲길로 들어섰다. 솔잎들이 깔린 바닥이 폭신폭신 감촉이 좋다. 솔숲에서 전해오는 신선한 기운과 시원하게 불어오는 바람이 피로를 달래준다. 그러고 보니 올레10코스는 참 다양한 길을 만날 수 있어 좋다. 바닷길과 숲을 반복적으로 걸어왔고, 울퉁불퉁한 바위 밭을 건넜으며, 흔히 만날 수 없는 모래언덕도 넘었다. 걷기 시작한 지 족히 다섯 시간은 되어, 이제는 오름으로 오른다. 해가 지기 시작하는데 아직 갈 길은 멀고, 그럼에도 불구하고 눈앞의 풍경들이 자꾸만 발목을 부여잡는다. 오름으로 향하다 말고 돌아본 시야에 목가적인 제주의 모습이 들어온다. 바다를 향해 쭉 뻗은 도로 양쪽으로 푸른 초원이 펼쳐진 곳, 그곳에서 말들이 여유롭게 풀을 뜯고 있다. 그림 같은 집들이 몇 채 안 되는 마을 너머로는 산방산과 바다가 나란히 누웠다.
"저 푸른 초원 위에 그림 같은 집을 짓고, 사랑하는 우리 님과 한평생 살고 싶네.(이하생략)"
뭔가 잔잔하고 감성적인 멜로디가 어울릴 것 같은 풍경인데, 정작 생각나는 노래는 남진의 '님과 함께'다. 노랫말이 딱이다.

섯알오름에 오르자 두 개의 큰 구덩이가 눈에 들어온다. 이것은 1945년 일본이 원형의 콘크리트 구조물로 구축한 고사포 진지다. 일본군 군사시설의 하나로, 태평양 전쟁 말기 수세에 몰린 일본이 제주도를 저항기지로 삼고자 했던 증거를 보여주고 있어 문화재로 등록되었다. 섯알오름은 섬뜩할 정도로 가슴 아픈 역사를 안고 있는 4.3사건 유적지이기도 하

다. 4.3사건이 진정될 무렵 한국전쟁이 발발하면서부터 학살은 시작되었다. 제주의 불안한 정국을 지켜보던 내무부 치안국에서는 일제 식민지 시절 우리 민족을 압살하던 예비검속법(죄를 저지를 것 같은 사람을 미리 구금하는 것을 규정한 법률로 일제 강점기 시절 우리나라에 대한 탄압을 공고히 하기 위해 만들어짐)을 악용하여 죄 없는 양민을 구금하고 그들을 학살하기에 이른다. 7월 16일 1차로 20명, 8월 20일 새벽 2시 2차로 60명, 그리고 새벽 5시에 다시 130명, 모두 법적 절차를 생략한 채 일어난 집단 학살이었다. 기지로 사용되었던 구덩이에서 학살한 후 바로 암매장을 했으니 이보다 더 잔인하고 야비할 수 없다. 섯알오름 학살터 옆에는 알뜨르 비행장이 있다. 일제 강점기 때 일본군이 사용하던 비행장으로, 인근에는 비행기 격납고로 사용되었던 시설들이 곳곳에 남아있다. 이 모든 것들이 우리의 힘없고 어리석었던 과거라는 사실이 아프다.

해가 지기 시작하면서 세상이 안개에 잠겨간다. 바람은 차가워져 반바지만 걸친 맨다리가 시려온다. 점점 짙어지는 안개에 머리카락도, 카메라도 축축이 젖어간다. 빨리 걸어야 더 어두워지기 전에 이 길을 끝낼 수 있을 텐데... 마음만 자꾸 바빠진다. 도로를 걷다, 숲길을 지나고, 용도를 알 수 없는 돌 아치를 지나고 나니 이제 온통 밭들이다. 인적이라곤 찾아볼 수조차 없고 지나다니는 차마저도 없는 길을 얼마나 걸었는지 모르겠다. 소나무숲을 지나고 나니 그제야 불빛이 보이기 시작한다. 어촌마을이다. 이보다 반가울 수가 없다. "살았다!"는 안도감이 든다. 섬도, 바다도 모두 안개에 갇힌 시간, 내심 두려웠지만 담담하게 열심히 걸었다. 스스로에게 토닥토닥. 드디어 하모리해변에 도착했다. 이곳에서는 살짝 올레길을 비켜갔다. 이정표대로라면 소나무숲을 통과해야 하는데, 군인들이 텐트를 치고 야영중이니 도저히 그 길을 가로지를 용기가 나지 않았다. 모래사장을 가로질러 가는데 바닷가에서 어기적거리던 군인들 무리에서 작은 외침이 들려온다.

"여자다~!!!!...(웅성웅성)"

'하아... 제발 그러지 마라~ 동생들아. 나이가 들어도 부끄럼 타는 여자란 말이다.'

입 밖으로 꺼내지 못한 말, 혼자서 옹알이를 한다.

올레10코스의 마지막 지점은 하모체육공원이다. 공원과 홍마트 사이로 들어가면 올레안내소가 있다. 언제나 그랬듯 완주 스탬프를 꾸욱 찍어주는 것으로 마무리했다. 아, 이번엔 유난히도 더 홀가분한 길 마침이다. 게

스트하우스에서 만난 그의 말이 옳았다. 잔뜩 기대하고 시작한 길에 실망 따위는 없었다. 다만, 막바지에 들어서 조금 버거워졌다. 안개 탓을 해본다.

올레10코스

올레10코스는 화순 금모래 해변에서 시작해 모슬포에서 끝난다. 올레7코스와 함께 경관이 아름다운 올레길로 유명하며, 바다, 절벽, 사구, 오름, 유적지 등 다양한 모습을 품고 있어 매력적이다. 또한 관광객들이 많이 찾는 명소 용머리해안과 산방산, 송악산이 코스에 포함되어 있다. 다만 그늘이 없어 여름에는 다소 걷기 힘들 수 있으니 선선한 계절에 걷는 것을 추천한다.

올레10코스 : 총 14.8km / 4~5시간 소요

026

,

오월의 가파도,
그곳엔 바람결에 서걱대는
보리 소리만……

봄이 오기 전부터 오월을 기다렸다. 가파도에 가고 싶었다. 청보리를 보고 싶었다. 바람결에 너울대는 푸른 물결을 눈과 마음에, 그리고 카메라에도 담아오기로 했다.

기다리던 오월이 되었다. 제주도 여행 내내 머물고 있던 성산 쪽 숙소를 떠나 세 시간이나 버스를 타고서야 모슬포까지 올 수 있었다. 미리 예약해둔 게스트하우스에서 하룻밤을 보내고, 다음날 가파도로 가는 첫 배에 몸을 실었다. 바닷길을 지나는 짧은 시간 동안 심장은 두근두근 방망이질을 했다. 그토록 기다려왔던 오월의 가파도, 처음 만나는 그 섬은 나에게 어떤 모습을 보여줄까.

배를 타고 15분 남짓 지나 가파도항에 닿았다. 배에 탔던 승객들이 항구로 쏟아져 나오자, 고요하던 섬이 북적이기 시작했다. 삼삼오오 무리지어 여행을 시작하는 사람들에 휩쓸려 마을로 향하는 길과 해안도로의 갈림길에 섰다. 순간 머릿속에 잠깐의 갈등이 생겨났다. 항구 대합실 옆에

자전거 대여소가 있는 것을 보고 자전거를 빌릴까 생각했다. 바닷바람을 고스란히 만끽하기에는 자전거만한 것이 없기 때문이다. 하지만 이내 마음을 바꿔 먹었다. '달팽이처럼 느릿느릿', 온전히 두 다리에 의지해 발자국들을 채워나가기로.

마을로 들어설까 하다가 우선 해안로로 발길을 틀었고, 걷기 시작한 지 얼마 되지 않아 생각했다.

'이 섬, 참 심심하구나.'

걷는 내내 오른쪽으로는 망망대해만 시야에 들어왔고, 왼쪽으로는 풀 돋은 언덕만이 장벽처럼 서 있었다. 모슬포에서부터 배 타고 들어온 사람들은 죄다 어디로 갔는지, 인적조차 드물었다. 한시라도 빨리 마을로 들어가 보리밭을 보고 싶은 마음 굴뚝같았으나 조금은 뜸을 들여도 좋겠다 고 생각했다. 비유하자면, 가장 좋아하는 음식은 아껴뒀다 먹고 싶은 마음이라고 해두자.

가파도에는 올레10-1코스가 있다. 마을로 들어서지 않고 해안을 따라 걸었던 데에는 섬으로 들어온 김에 올레길도 완주하겠다는 의지도 있었다. 그렇게 파란색 화살표와 간세 표식, 그리고 바람에 펄럭이는 천조각이 이끄는 대로 따라 걷다 보니 어느새 마을로 들어섰고, 드디어 드넓은 보리밭이 눈앞에 나타났다.

눈에 거슬릴 것 하나 없는, 여백의 미가 가득한 풍경 속에 온통 보리밭과 그 사이로 난 길을 오가는 사람들이 간간이 보인다. 하지만 정작 상상했던 푸르른 보리밭은 없다. 이미 늦어버렸다. 드문드문 푸릇한 색들이 남아있기는 하나, 성질 급한 것들은 이미 익을 대로 익어 금빛을 드러내고 있다. 그래도 예쁘다. 금보리면 어때. 초여름에 가을의 색을 먼저 만나는 것도 썩 나쁘지 않다. 게다가 빳빳한 청보리보다는 조금은 야들야들한 금보리의 움직임이 더 보드랍고 순종적이다. 바다에서부터 불어온 바람이 저 먼 곳에서부터 이쪽 끝까지 보리밭을 한 번 쓰윽 훑고 지나가면 이삭들은 그에 맞춰 낭창낭창 춤을 춘다. 반복되는 이 춤사위가 보고 또 봐도 질리지 않는다.

청보리축제가 한창인 기간이라 해도 섬은 고요하고 평화롭기만 하다. 보리밭 사이로 난 길을 따라 하염없이 걸어본다. 이젠 올레길의 이정표 따위 안중에도 없다. 그저 시선이 머무는 대로, 발길이 끌리는 대로 걷고 또

걷는다. 그러다 보리밭 안쪽 포토존이 보이면 그 안에 들어가 몇 분이고 쭈그리고 앉아 풀잎 향기, 바람 소리에 취해본다.

오월의 가파도에는 온통 바람결에 서걱이는 보리 소리만이 가득하다.

가파도에 가려면 모슬포항에서 배를 타야 한다. 오전 9시 첫 배를 시작으로 매일 네 편의 선박이 운항되고 있으며, 소요시간은 20분 정도다. 운항스케줄은 기상 상태나 계절, 성수기 시즌에 따라 달라질 수 있으니 미리 문의하는 게 좋다.(삼양해운 064.794.5490)

가파도는 올레10-1코스에 속한다. 올레10-1코스의 총거리는 5km. 1시간 30분이면 다 돌아볼 수 있을 정도로 작은 섬이다. 매년 4월에서 5월, 청보리축제가 열리는 시기에 바닷바람을 맞으며 걸어보시길.

027

,

오로지 동백, 카멜리아힐

동백은 겨울 꽃이다. 하지만 동백이 피고 지기 시작했다는 건 봄이 오고 있다는 소리다. 2월이 되면 남쪽 섬에서부터 봄소식이 들려오기 시작한다. 제주도도 빠질 수 없다. 제주도 동백숲이라 하면 카멜리아힐(Camellia Hill)이 대표적이다. 카멜리아힐은 동양에서 가장 큰 규모를 자랑하는 동백수목원이다. 무려 6만 평에 달하는 부지에 11월부터 3월까지 시기를 달리해 피는 세계 각국의 동백들이 숲을 이루고 있다. 어디 동백뿐이겠는가. 제주도에 자생하고 있는 식물들과 다양한 꽃들이 한데 어우러져 각 계절마다 각양각색의 정취를 보여준다.

"지금 동백꽃 폈나요?"

"시기에 따라 다르기 때문에 다 폈다고는 말할 수 없지만, 지금도 핀 동백꽃은 있어요."

오로지 동백꽃을 보기 위해 카멜리아힐에 가고자 했다. 헛걸음을 하기엔 시간도 돈도 아까워 미리 문의를 했지만, 돌아온 대답은 영 시원찮았다.

피어 있는 동백이 있다고 하니 일단 속는 셈 치고 길을 나섰고, 상창리 버스정류장에서 내려 걸음을 옮기자마자 괜한 걱정이었다는 것을 알았다. 길 곳곳에는 이미 붉은 동백꽃이 만개해 있었다. 아름다운 동백숲을 볼 수 있을 거라는 기대감과 설렘으로 흥에 겨워 콧노래까지 흥얼거리기 시작했다.

정류장에서 카멜리아힐까지는 꽤 멀다. 인도가 없는 도로를 걸으며 '쌩~' 하니 옆을 스쳐가는 차들이 매정하다 느껴지기도 하지만, 눈앞에 앞서 걷는 이가 있으니 전혀 외롭지 않다. 할머니 두 분이 도로 양 옆으로 나란히 큰 포대자루를 끌고 걸어가며 쓰레기를 줍고 있다. 말 한마디 나누지 않았지만 그저 함께 길을 가는 것만으로도 위로가 된다. 바람은 차갑지만 햇볕은 따스해서, 걷다 보니 등에 땀이 송글송글 맺혀 오기 시작한다. 앞서 걷던 할머니들도 덥다 느꼈는지 알아들을 수 없는 제주도 방언으로 몇 마디를 나누시더니 돌담 너머 밭으로 들어가신다. 마지막 대화를 추측해보건대, 껴입은 바지를 하나 벗어야겠다는 것이었다. 도심에서는 볼 수 없는 정겨운 상황에 씨익~ 웃음이 번진다.

시원하게 쭉 뻗은 도로 가장자리에는 수선화가 피어 봄을 재촉하고 있다. 푸른 들판 너머 아득히 눈 덮인 한라산을 보니 안나푸르나가 따로 없다. 목장 축사 옆을 지나는 길에는 소 울음소리가 귓전에 울리고, 구수한 배설물 냄새가 코끝을 찔러대니 그마저도 정겹다.

이런 소소한 풍경과 상황들을 즐기며 심심하되 심심하지 않은 길을 걷는다. 그러다 '도대체 얼마나 더 걸어야 하지?' 싶을 때 카멜리아힐 입구에 닿았다.

동백을 닮은 붉은 색으로 C.A.M.E.L.L.I.A H.I.L.L.이라고 한 자 한 자 박힌 간판이 이국적이다. 매표소로 향하는 길목에는 커다란 돌하르방이 문지기처럼 서 있는데, 알록달록한 털모자와 목도리를 두르고 있다. 그 모습이 귀여워 사진을 담는데 뭔가가 머리 위로 톡하고 떨어진다. '뭐지?' 싶어 손을 갖다대보는데, 차가우면서 까슬하고 질퍽한 무언가가 만져진다. 젠장. 새똥이다. 내 평생 새똥을 맞아보기는 처음인데 기분이 썩 나쁘지는 않다. 어이가 없기도 하고, 상황이 재미있기도 해서 웃음이 나온다. 그러면서도 누가 볼 새라 얼른 화장실로 달려가 머리카락을 빨아댔다(그 뒤로 새만 지나가면 하늘을 쳐다보는 습관이 생겼다). 더 이상 지체했다가는 계속 새똥 세례를 받을 것 같은 기분에 얼른 입장권을 끊고 들어서는데, '이달의 아름다운 길' 이라고 적힌 푯말 하나가 눈에 띈다. 화살표를 따라 들어가니 화사한 연분홍 동백꽃의 향연이 펼쳐졌다. 까만 자갈이 깔린 길 양 옆으로 동백나무들이 우거진 숲길에 온통 초록과 분홍색만 눈에 들어온다. 분홍 동백꽃 중 반쯤은 여전히 가지에 매달린 채 활짝 꽃잎을 펼치고 있고, 나머지 반은 바닥에 흐트러져 아름다운 카펫을 이루고 있다. 동백꽃 하면 당연히 화려한 붉은색만 떠올리기 마련인데, 2월의 카멜리아힐에서는 여리여리한 분위기를 자아내는 연분홍 동백꽃을 만날 수 있다.

이달의 아름다운 길이 끝나자 애기동백숲이 이어진다. 애기동백은 키도, 가지도, 그리고 꽃봉오리도 일반 동백보다 자그맣다. 일반적으로 봉오리 채 떨어지는 동백에 반해 꽃잎을 한 장 한 장 떨구는 것도 다르다. 애기동백은 보통 10월부터 흰색, 붉은색, 분홍색 꽃을 피우기 시작하여 12월이

CAMELLIA

면 떨어진 꽃잎들로 레드카펫을 이루는데, 2월의 카멜리아힐에도 꽃은 대부분 낙화했다. 하늘을 가린 푸른 나뭇잎들은 아늑한 터널을 이루고 있고, 화산송이가 깔린 길 위로는 꽃잎들이 흐트러져 온통 붉게 물들었다. 한 번씩 햇살이 나뭇잎 사이를 파고들면 숲은 더욱 풍요로워진다. 방울방울 빛망울이 내려앉은 숲은 그윽하고 신비롭다.

조용히 홀로 동백에 취해 있는데 갑자기 시끌벅적, 단체 관광객들이 들이닥쳤다. 숲길로 들어서는 순간 모두가 탄성을 터뜨리며 사진을 찍어대기 바쁘다. 잠시 혼잡함에서 비켜나기 위해 구석진 벤치에 앉아 꽃보다 사람 구경에 빠져들었다. 엄마뻘은 되어 보이는 아주머니들은 꽃과 함께 소녀시절로 돌아갔다. 누가 봐도 가장 예쁜 길목에 서서 번갈아가며 사진을 찍고는 그것을 서로 돌려보며 깔깔댄다. 마음에 안 들면 다시 찍어달라고도 하고, 지나가는 사람을 붙잡고 단체사진을 부탁하기도 한다. 그 속에는 둘만의 분위기에 사로잡힌 젊은 연인들도 있다. 연인들의 패턴은 거의 비슷하다. 손을 잡고 오붓하게 걷다가 어김없이 어느 자리에 멈춰 선다. 남자는 주로 여자 친구의 사진을 담아주는 역할을 맡는다. 그렇게 몇 장 찰칵대고 나면 삼각대를 설치하고 여자 친구 옆으로 쪼르르 달려가 다정하게 또 몇 장의 추억을 남긴다.

물밀 듯이 밀려온 관광객들이 빠져나가자 동백숲에는 다시 고요함이 찾아들었다. 그제야 자리를 털고 일어나 다시 숲길을 걷는다. 사각사각 화산송이가 깔린 길을 밟을 때 나는 소리가 좋다. 중산간에서 불어오는 바람 소리와 새들의 지저귐도 간간이 들려온다. 바닥에 놓인 작은 돌 웅덩이에 떨어진 꽃송이들을 가지런히 띄워놓고는 한참을 찰칵찰칵 셔터를 눌러대고서야 다시 걸음을 옮겼다. 제주 중산간 마을을 재현해놓은 전통 올레길을 따라 걷는다. 이 길은 낮은 돌담과 제주 고유의 돌집, 그리고 제주 토종 동백이 어우러진 소박한 길이다. 동백은 지고 없지만 길만은 호젓하고 운치 있다.

'느려도 괜찮아요. 자연은 원래 느려요' 라는 글귀가 쓰인 나무 표지판에 시선이 멈춘다. 고개를 끄덕이게 된다. 맞다. 자연은 느리다. 하지만 우리는 그것을 빠르게 바꾸려고 한다. 느릿느릿 조용히 진행되고 있는 순환의 이치를 거스르는 것이 결국 어떤 결과를 초래할지 알 수 없다. 아니, 어쩌면 이미 자연으로부터 수많은 경고를 받고 있음에도 깨닫지 못하는 것인지 모른다. 잠시 머릿속이 어지러워졌다. 드문드문 놓인 돌집은 명상실로 사용되고 있다. 신발을 벗고 안쪽으로 들어가 보니 시원한 기운이 느껴지며 마음이 정화된다.

전통올레길과 아태동백숲이 만나는 지점에 포토존이 있다. 둥그런 광장 주변에는 온통 동백숲이 둘러싸고 있고, 그 안에 의자 두 개가 나란히 놓여 있다. 하늘에서 화사한 햇살까지 내리쬐어주니 조명도 필요 없는 포토존이다. 여백의 미가 느껴지는 공간에 반해 자리를 뜨지 못하고 어슬렁대고 있는데, 동백꽃만큼이나 예쁜 두 소녀가 나타났다.

"와! 여기 대박! 진짜 이쁘다."

"너, 저기 앉아봐."

한 친구는 다른 친구를 의자에 앉게 하고 사진을 찍어준다. 그 모습을 보고 돌아서려다 문득 둘이 함께 사진을 찍어주고 싶다는 생각이 들어 말을 건넸다.

"둘이 사진 찍어줄까요?"

"정말요? 네!!!"

소녀는 말이 끝나기가 무섭게 카메라를 건네고 쪼르르 달려가 친구 옆에 앉았다. 나는 정성들여 석 장의 사진을 담아주고는 그곳을 빠져나오며 생각했다. 먼 훗날 그녀들이 이 사진을 꺼내보며 아름다운 청춘과 좋은 친구가 있었음을 추억할 수 있었으면 좋겠다고.

세상의 모든 만물이 벌거벗어 쓸쓸한 계절, 그 속에 홀로 피어 있기에 더 빛나는 꽃이 있다. 그것은 바로 동백. 새하얀 눈 속에서 빼끔히 고개를 내밀고 있는 붉은 동백은 홀로 고고한 자태를 뽐낸다. 푸른 잎 사이 송이송이 열린 꽃봉오리들은 그 어떤 꽃보다 탐스럽다. 화려했던 동백은 결국 고개를 떨어뜨리고 만다. 모가지채 떨어져 바닥에 나뒹구는 꽃송이와 그 주변에 낭자한 붉은 선혈을 보고 있노라면 깊은 애잔함이 스민다. 한 계절 홀로 아름다웠으니, 이제 화사한 봄꽃들에게 자리를 물려줄 차례다. 때론 이 같은 동백의 삶이 여자의 인생과 닮아 있어 슬퍼질 때가 있다. 나는 동백이 아프다.

대중교통 이용시 516-중문고속화 노선(780번) 버스를 타고 상창리 버스정류장에서 하차해 30여 분 걸으면 된다. 동백꽃 개화 시기는 11월부터 2월까지다. 품종에 따라 개화 시기가 다르기 때문에 미리 문의해보고 찾아가는 게 좋다.

카멜리아힐

- **주소** 서귀포시 안덕면 상창리 271번지
- **문의** 064.792.0088
- **개장시간** 오전 8시 30분~오후 7시 (동절기에는 오후 6시 30분까지) , 연중무휴
- **입장료** 성인 7천원, 청소년 5천원, 어린이 4천원

028

,

올레5코스 거꾸로 걷기

원래 올레길을 걸을 생각은 없었다. 지난밤 나는 게스트하우스 주인언니와 술상을 앞에 두고 깊은 대화를 나눴다. 인생을 살아오며 뜻대로 되지 않는 것들에 대한 꽤나 부정적인 이야기들이었고, 대화가 길어질수록 술잔을 드는 속도도 빨라졌다. 덕분에 컨디션이 엉망이었다. 그렇다고 숙소에만 틀어박혀 있자니 왠지 아까운 생각이 들어 그저 쇠소깍이나 다녀오자 하고 시작했던 걸음이었다.

버스 정류장에서 20여 분을 걸어 쇠소깍에 도착했다. 보통은 민물과 바닷물이 만나는 쇠(소=웅덩이)의 깊은 푸르름에 매료되어 쇠소깍을 찾고는 한다. 하지만 조금만 더 상류쪽으로 올라가면 효돈천의 끝자락에서도 경이로운 자연을 발견할 수 있다. 효돈천에는 거뭇거뭇한 현무암들이 널렸다. 그것들은 바다쪽으로 갈수록 더욱 큼직해져서 결국 아찔한 절벽을 이루어낸다. 이것이 70만 년 전부터 형성되기 시작했다는 주장도 있다. 화산활동으로 형성된 현무암 지대가 오랜 세월 침식과 풍화작용을 거

치며 구멍이 나고 깎여 쇠소깍과 같은 웅덩이를 만들어낸 것이다. 그 안에 담긴 물빛은 실로 감탄스러웠다. 날씨가 제법 흐렸는데도 푸르고 깊은 색으로 나를 매혹했다. 물 위에는 사람을 태운 테우(제주도 전통 통나무배)와 투명 카약이 오가고 있었다. 이렇게 배를 이용하면 쇠소깍을 에워싸고 있는 암석들을 더 가까이에서 들여다볼 수 있다. 장군 바위, 큰 바위 얼굴 바위, 사랑 바위, 독수리 바위, 사자 바위, 코끼리 바위, 부엉이 바위 등 다양한 얼굴과 이름을 가진 암석들을 찾아내는 재미가 쏠쏠하다.

그러나 나는 배를 타지 못했다. 쇠소깍은 혼자인 여행객들에게는 외로움이 증폭되는 장소임에 틀림없다. 물속이 훤히 들여다보이는 카약에 앉아 유유히 물 위를 노니는 연인들의 모습을 바라보고 있자니 절로 한숨이 새어 나왔다. 노 저어줄 사람이 없어서 배를 못 타다니…

쇠소깍을 둘러보고 나서 왔던 길을 되돌아 효돈천을 거슬러 올라갔다. 버스정류장으로 돌아갈 생각이었으나 마음을 고쳐먹고 올레길 트래킹에 나섰다. 지글지글 타오르는 아스팔트 옆으로 감귤 농장들이 보였다. 제철이 아니라 푸른 이파리만 가득, 열매는 찾아볼 수 없었지만 상큼한 감귤향이 느껴지는 것 같았다. 농장을 옆에 끼고 있는 호젓한 숲길과 아스팔트 도로를 차례로 지나고 나니 눈앞에 바다가 펼쳐졌다. 쇠소깍에서부터 약 2km 떨어진 지점, 예촌망이라고 불렸던 곳. 이곳에서 시선을 사로잡는 것이 있었으니 다름 아닌 바닷가 바위틈에 앉아 책을 읽고 있는 금발머리의 백인 아가씨였다. 바쁘게 걷고 있던 여행자의 시선에는 부럽기만한 여유였다. "너도 그렇게 하면 되잖아" 라고 말한다면, 글쎄… 애석하게도 난 아직 시간적으로나 금전적으로나 여유가 부족한 사람이라고 해두자. 좀 더 그럴 듯하게 말하자면, 아직은 더 많은 것들을 보

고 싶고 세상이 궁금하다.
바다를 옆에 끼고 걸으며 수풀 사이에 숨었다 나왔다 반복하는 바다와 술래잡기를 했다. 다시 바다가 나타났을 때는 물질을 하고 있는 해녀들이 눈에 들어왔고, 나는 가만히 서서 그녀들의 움직임을 관찰했다. 한참이나 물속에 잠겨 있다 올라와 고개를 내밀고는 "휘이~" 하고 휘파람 소리 비슷한 숨비소리를 내뱉고 다시 물밑으로 들어가는 몸짓이 능수능란했다. 그녀들은 프로다. 해녀박물관을 다녀온 이후로 나는 조금 달라졌다. 해녀들에 대한 전에 없던 존경심이 생겼고, 더불어 그녀들을 보면 가슴 한편이 왠지 뭉클해진다.
해안길을 지나 이정표가 가리키는 대로 외진 돌계단을 내려오니 망장포구가 나타났다. 고려시대 말 세금으로 거둔 물자와 말을 원나라로 보내던 포구는 이제 적막하다 못해 쓸쓸했다. 포구 옆에서는 나이 지긋하신 어르신들의 술판이 벌어지고 있었다. 동네 분들인지 여행을 온 분들인지는 알 수 없었지만 다들 적잖이 취기가 올라 보였고, 괜한 장난을 걸어오면 어쩌나 내심 걱정이 되었다. 아니나 다를까 한 어르신이 희롱을 걸어왔다. 눈동자는 흐릿했고 혀는 꼬여 무슨 말을 하는지 알아들을 수가 없었다. 몹시 당황스러운 상황이지만 짐짓 태연하게 웃으며 길을 지나갔고, 그나마 덜 취하신 어르신의 만류로 상황은 종료되었다.

마을 입구에서는 재미있는 이름의 다리를 만났다. 배가 고픈 것처럼 가운데가 푹 꺼져 있다고 하여 배고픈 다리란다. 그러고 보니, 점심때가 훌쩍 지난 시간이었다. 아침 8시에 먹은 국수 한 그릇이 전부라는 사실을 까맣게 잊고 있었다. '올레5코스 맛집'이라는 키워드로 검색을 한 끝에 '공천포식당'을 찾아 들어갔다. 점심시간이 끝난 식당은 텅텅 비어 있었고, 주인 할머니 혼자 손님들이 나간 자리를 치우고 계셨다. 여전히 혼자 식당에 들어서는 것은 어색해서 쭈뼛거리자, 할머니가 먼저 자리를 챙겨주셨다. 이내 긴장이 풀렸고 내친김에 메뉴 추천까지 부탁했다.

"뭐가 맛있어요?"

"……"

할머니는 잠시 난감한 표정을 지으시더니, 여행자의 주머니 사정까지 배려한 답을 내놓으셨다.

"다른 것들은 비싸니까 한치물회로 먹어봐~."

이내 건더기가 푸짐하게 들어간 새콤 시원한 물회가 내어졌고, 덕분에 허기와 갈증이 깨끗이 해소되었다.

기분 좋은 식사를 마치고 나와 다시 해안길을 따라 걷는데, '남탕'이라는 글씨가 눈에 들어왔다. 에잉? 이렇게 휜히 트인 곳에 노천탕이라도 있다는 건가? 호기심을 이기지 못하고 안쪽을 들여다보려다 잠시 망설였다.

'실제로 사람이 있으면 어떡하지? 게다가 알몸이면... (잠시 고민하다) 에라. 모르겠다.'
다행히 안에는 사람도 물도 없이 텅텅 비어 있었다. 내 키 만한 담장이 둘러져 있지만 천장도 문도 그 어떤 부수적인 시설도 없는, 말 그대로 그냥 노천탕이었다. 이곳의 명칭은 넙빌레(넓은 바위라는 의미)로, 차디찬 용천수가 솟아나와 지역 주민들의 여름철 피서지로 유명한 곳이다. 남탕의 서쪽으로는 여탕도 있다. 나중에 안 사실이지만 알몸 목욕은 불가하다니 괜한 기대는 금물.
넙빌레에서 얼마 떨어지지 않은 곳에는 자그마한 조각공원이 있다. 이곳은 위미1리에 자리하고 있는 꼭두 문화 연구소의 앞마당쯤 되는 공간이다. 돌이나 나무, 철을 이용한 작품들이 땅이나 담장 위에 놓여 있어 지나가는 올레꾼들의 눈을 즐겁게 한다. 사실 '꼭두'란 전통 상례 때 망자를 묘지까지 운구하기 위해 사용하는 상여에 놓는 나무 조각품을 말한다. 시대가 바뀌며 꼭두라는 문화가 점점 자취를 감추자 이를 되살리고자 세운 것이 바로 꼭두 문화 연구소라고 한다. 다소 무겁게 느껴지는 주제일 수 있지만, 이곳을 지나가면서 만난 조각품들의 익살스러움은 웃음을 유발하기도 한다.

울퉁불퉁 크고 작은 바위들이 깔린 해안길을 지나고 나자 평탄한 길의 연속이다. 폭신한 흙길은 아니지만, 돌담길을 따라 마을을 누빌 수 있는 마실길이 이어졌다. 마을 입구에 활짝 열린 파란 대문을 발견하고는 잠시 주춤했다. 사람이 다니는 길목에 문이 있는 경우는 드물어 사유지로 잘못 들어선 것은 아닌지 의심스러웠지만 주변을 훑어보니 다른 길은 없다. 안으로 들어서는데 이번에는 땅바닥에 나뒹굴고 있는 동백꽃들 때문에 멈칫했다. 이미 누군가의 발에 짓이겨진 붉은 핏자국들이 처연하다.

참 예쁜 마을이었다. 운치있는 돌담길을 걸으며, 대문이 없거나 담장이 낮은 집들을 기웃거렸다. 남의 집 세간을 들여다보는 재미가 쏠쏠했다. 그러다 누군가의 시선을 느꼈다. 고개를 돌리자 순한 표정을 한 백구 한 마리가 담장 너머로 목을 빼고 있었다. 선홍빛 혀를 길게 빼고는 낯선 사람에 대한 경계도 없이 조용히 날 훔쳐보고 있었다. 그 모습이 귀여워 두 눈을 끔뻑, 눈인사를 하고는 다시 길을 간다. "안녕~."

마을을 빠져나와 위미 해안로를 따라오다 보면 영화 〈건축학개론〉의 세트장이 있다. 영화 속 승민이 지어줬던 서연의 제주도 집이 바로 이곳에 있다. 사실 서연처럼 맨발로 2층 옥상의 잔디밭을 밟고 싶어 기대감에 부풀어 찾아갔었다. 하지만 입구에는 '출입금지' 라는 푯말이 떡하니 붙어 있었다. 아쉬운 것은 나만이 아니었다. 일부러 찾아왔다는 세 명의 아가씨들도 못내 아쉬운 듯 하염없이 건물만 바라보고 있었다(이후 서연의 집은

카페로 리모델링해 영업을 시작했고, 현재 많은 이들이 이곳을 찾고 있다).

올레5코스에는 붉은 동백꽃들이 가득한 군락지도 있다. 과거 이 일대에는 어른이 두 팔을 벌려도 안지 못할 만큼 크고 수령이 오래된 토종 동백들이 군락을 이루고 있었다. 17세에 이곳으로 시집온 현맹춘 여사께서 어렵사리 모은 돈 35냥으로 황무지였던 땅을 사들인 후, 모진 바람을 막기 위해 한라산의 동백 씨앗을 따다가 이곳에 뿌렸고, 그렇게 동백숲을 가꾸었다. 하지만 시기를 잘못 찾았다. 가지에 매달린 꽃들이 드문드문 보이긴 하지만 그보다 땅으로 떨어진 것들이 더 많았다. 슬펐다. 제 자리에 있을 때는 그토록 고고하고 화려했던 것이 바닥으로 추락하는 순간 만신창이가 된다. 붉게 번진 자국들이 마치 동백의 처연한 피눈물 같다.

동백나무 군락지에서 국립수산과학원을 지나 바닷길을 따라 걷다보면 테우케 또는 신그물이라는 곳에 닿는다. 테우케는 예전에 '테우를 매던 포구'라는 뜻에서 비롯된 지명이며, 신그물은 단물이 나와 물이 싱겁다 하여 붙여진 이름이다. 옛날에는 물이 넘쳐났다지만, 지금은 수량이 풍

부한 편은 아니다. 그래도 여전히 포구에 고인 물의 빛깔은 맑고 투명하고 싱그러웠다.

도착점까지 약 2km가 남은 지점, 남원리 마을에 당도했다. 다리가 점점 더 무거워져 나무 그늘 아래 벤치에 앉아 숨을 돌리고 있는데, 뒤쪽에서 발소리가 들려왔다. 그런데 보통 사람들의 발소리와는 다르게 거칠고 투박했다. 이상하다싶어 고개를 돌려보니 언뜻 보기에도 몸이 불편한 남자가 걸어오고 있었다. 제 몸 하나도 가누기 힘들어 보이는데 무거운 배낭까지 짊어지고는 등산스틱에 의지해 간신히 위태로운 걸음을 내딛고 있었다.

"안 녕 하 세 요."

"네. 안녕하세요."

"올 레 길 걷 는 거 에 요?"

"네. 거꾸로 걸어서 이제 얼마 안 남았는데 힘들어서 쉬고 있었어요."

그저 인기척이 나서 돌아봤을 뿐인데 인사를 하기에 나도 덩달아 인사를 했고, 자연스레 대화가 이어졌다. 남자는 묻지도 않았는데 술술 자신의 이야기들을 털어놓기 시작했다.

그는 회사를 다니던 중 갑자기 과로로 쓰러진 후, 뇌졸중 판정을 받으며 장애를 갖게 되었다고 했다. 그래서 걷는 것도 말하는 것도 부자연스럽다는 것이다. 남자는 몸이 성했을 때는 백두대간을 누빌 정도로 건강하고 기운이 넘치는 사람이었다고 스스로를 설명했다. 하지만 아프고 난 후 산에 오르는 것은 포기할 수밖에 없었고 아쉬운 대로 올레길에 도전하고 있었다. 몇 달 전 몇 개의 코스만 걷고 돌아갔는데 아쉬움이 남아 전 구간 완주를 목표로 아예 짐을 싸서 다시 왔단다. 물론 가정이 있는 몸이기에 아내의 허락은 받고 왔다는 말도 덧붙였다.

남자의 이야기를 듣는 동안 안타까운 마음이 생겨 그를 보듬어주고 싶었

다. 그리고 불과 몇 분 전 그 앞에서 힘들다는 말을 내뱉었던 나 자신이 부끄러워졌다.

"날 이 어 두 워 지 니 서 둘 러 가 세 요. 조 심 히 즐 거 운 여 행 하 세 요."

"네. 감사합니다. 즐겁게 여행하세요."

힘이 되어드려도 부족한 사람에게서 오히려 힘을 얻고 다시 길에 올랐다. 날이 어두워지고 있어 남은 구간은 빠르게 걸었다. 그저 바다를 끼고 걷는 길만이 남아 있었고, 그 사이 올레7코스의 돔베낭길과 더불어 대한민국에서 가장 아름다운 해안 산책로로 꼽히는 큰엉해안경승지를 지났다. 큰엉은 바닷가나 절벽 등에 큰 구멍이 뚫린 바위 언덕을 말한다. 높이 15~20m에 달하는 절벽 위를 걸으며 맞는 바닷바람이 선선했다. 날이 어두워지자 산책로에는 조명등이 켜지며 로맨틱한 분위기를 연출하기 시작했고, 해안길 앞 리조트에서 하나 둘 연인들이 손을 잡고 나오고 있었다.

올레5코스를 한 마디로 표현하면 '다채로움'이 아닐까 싶다. 이 길에는 상쾌한 풀내음이 가득한 숲길이 있고, 시원한 바다를 옆에 끼고 걷는 바닷길도 있다. 조금은 아찔한 절벽 위를 지나가기도 하고, 소박하고 예쁜 마을 속으로 들어가기도 한다.

원래 올레5코스는 남원포구에서 시작되지만, 나는 거꾸로 이곳에서 끝을 맺었다. 이번에도 어김없이 완주 스탬프 쾅! 거꾸로 걸었으니 도장도 거꾸로 찍어주는 센스!

올레5코스

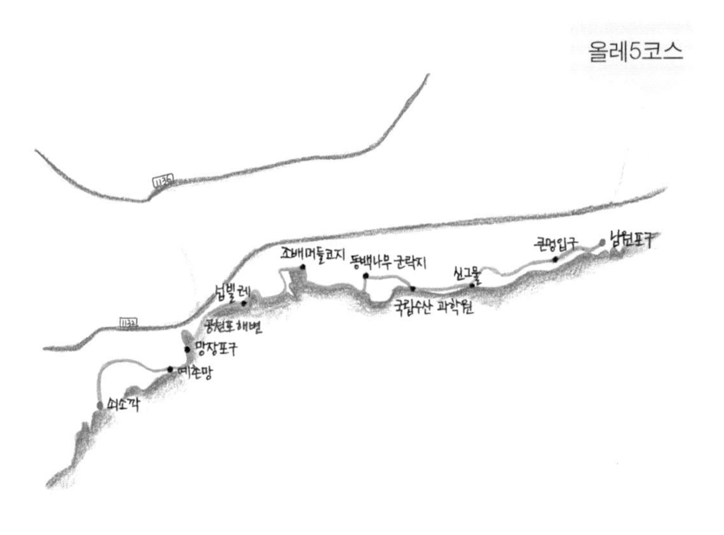

올레5코스는 남원포구에서 시작해 쇠소깍에서 끝난다. 난이도는 '중' 급으로, 넙빌레에서 위미리로 이어지는 중간 울퉁불퉁한 바윗길을 제외하고는 대체적으로 길이 평탄한 편이다.

올레5코스 : 총 14.7km / 4~5시간 소요

029

,

제주도로 떠나는 건축여행, 이타미준의 걸작들

물에 떠 있는 교회가 있다. 성경 속 '노아의 방주'에서 모티브를 따 만든 방주교회가 바로 그것. 방주교회는 세계적인 건축가 이타미준이 설계했다. 주변에 해자를 만들어 물을 채우고 그 안에 건축물을 세워, 무척이나 독특한 분위기를 풍긴다. 마치 노아의 방주를 그대로 옮겨 놓은 듯한 느낌이다.

제주도에는 아름다운 자연경관과 더불어 세계적인 건축가들의 작품들이 곳곳에 산재해 있는데, 특히 이타미준의 건축물들이 이름을 알리고 있다. 이타미준은 1937년 일본에서 태어난 재일교포로, 한국이름은 유동룡이다. 그의 작품들은 흙, 돌, 나무 등 자연에서 얻은 소재들로 자연친화적이면서 현대적인 디자인을 선보인다. 일본에서 나고 자란 그가 처음 한국과 연을 맺은 것은 1968년이었다. 그의 나이 갓 서른을 넘겼을 때 처음 찾은 고국에서 조선 건축에 매료되었고, 이후 일본과 한국을 오가며 한국적인 전통미와 자연미를 살린 건축물을 기획하기 시작했다. 제주도에

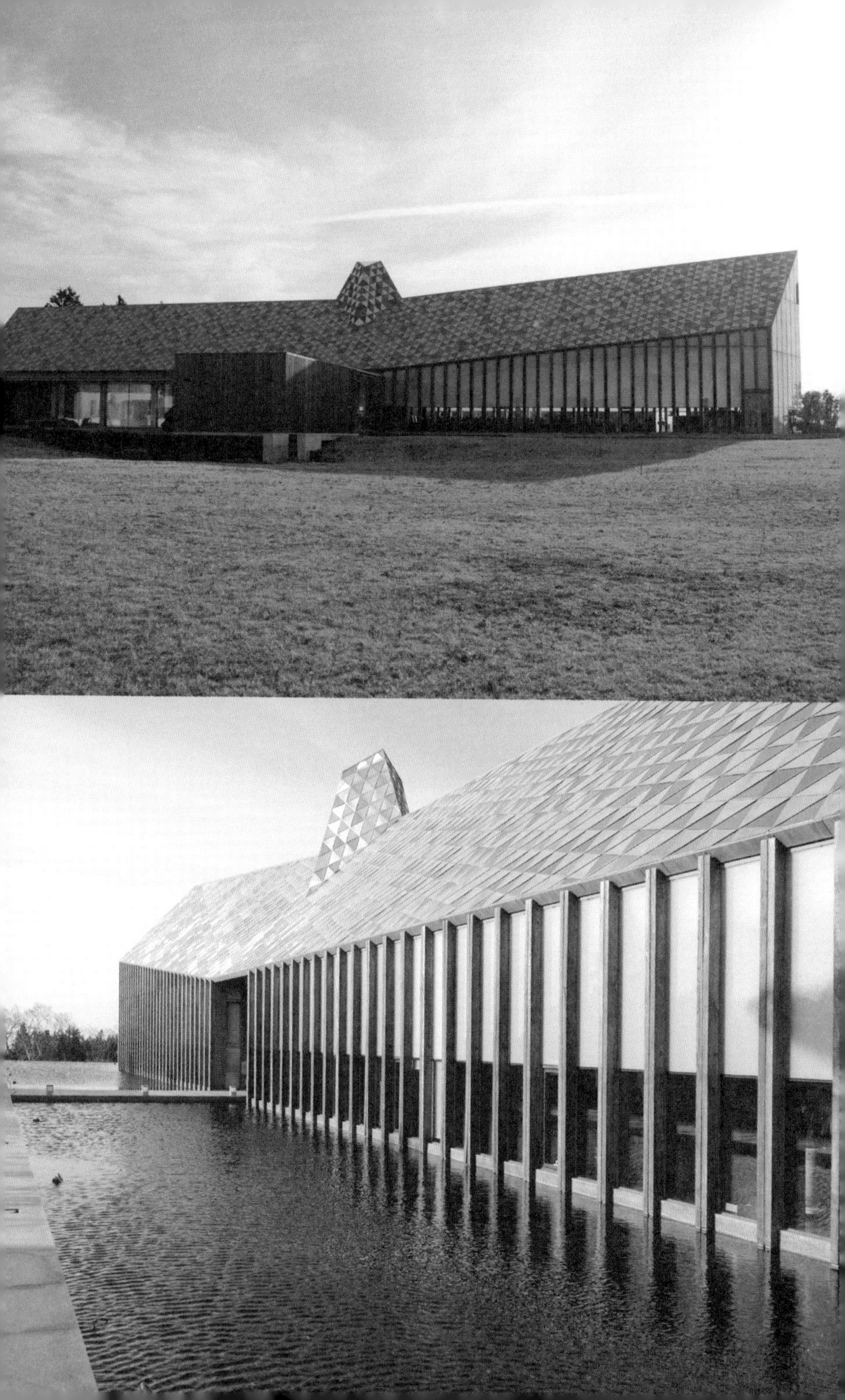

그의 작품이 세워지게 된 것은 1998년 김홍수 회장을 만나게 되면서부터다. 이타미준은 제주도 핀크스 클럽하우스를 설계해달라는 의뢰를 받았고, 이에 방주교회를 비롯하여 포도호텔, 비오토피아 타운하우스, 물 · 바람 · 돌 · 두손 미술관이라는 결과물을 만들어냈다.

어느 겨울, 방주교회에 들렀다가 비오토피아의 미술관을 보고 싶어 입구까지 찾아갔다 허탕을 친 적이 있다. 회원들만 입장이 가능하다는 이유였다. 비오토피아는 제주도에서 땅값이 가장 비싼 곳으로, 고급 타운이 형성되어 한국의 비버리힐즈라고 불린다. 이름만 대면 알 만한 재벌이나 연예인들이 이곳에 집 한 채씩을 소유하고 있다니 철저히 VVIP를 위한 타운이라고 할 수 있겠다. 입장을 제지당하고 나니 약이 바짝 올라, '내 다시 오나 봐라' 투덜대며 돌아왔지만 그 후 반 년 뒤 언제 그랬냐는 듯 다시 이곳을 찾았다. 여행으로 인연을 맺은 제주도 지인을 통해 기회가 생긴 것이다. 보고자 하는 욕구가 강하니 자존심 따위는 아무 소용없더라.

비오토피아 내에는 264채의 타운하우스와 미술관, 생태공원, 온천 등이 하나의 마을을 형성하고 있다. 다른 시설은 사실 관심 밖이다. 이곳에 온 이유는 오로지 미술관이 궁금해서다. 빛과 여백의 미를 살려 온전히 자연을 느낄 수 있도록 한 여러 가지 테마의 미술관들이 타운 곳곳에 놓여 있어 호기심을 자극한다.

너른 초원 위에 덩그러니 녹슨 철제 박스가 놓여 있다. 돌을 테마로 한 박물관이다. 돌 박물관이라고 해서 수석들이 전시되어 있을 거라고 생각한다면 오산! 안쪽에는 작은 돌멩이 한 조각 없다. 여기서는 캄캄한 내부에서 유리창을 통해 보이는 빛과 바깥세상, 그리고 네모난 창밖에 놓아둔

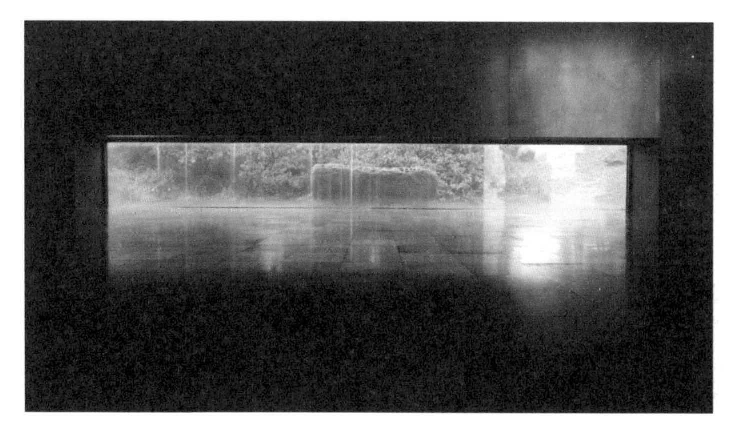

돌을 바라보는 것이 관건이다. 사물이라는 게 어떤 각도에서 어떤 시선으로 보느냐에 따라 또 다른 느낌을 만들어낸다. 사방이 트인 야외에서는 그저 흔해 보이는 돌덩이가 사각 프레임 안에 갇히자 집중해서 자세히 들여다보게 된다. 천장에 난 구멍을 통해서는 한줄기 빛이 스며든다. 그 빛이 사랑을 닮았다. 구멍의 모양이 하트인 까닭이다.

돌 박물관 옆에는 두손 미술관이 있다. 건물 안쪽에서 바라본 천장의 모습이 양손을 깍지 끼고 있는 것처럼 보여 두손 미술관이다. 전시실에서는 사진전이 열리고 있다. '골목 안 풍경'이라는 주제로 담은 사진 속에는 30여 년간 달동네를 찾아다니며 촬영한 골목의 소소한 풍경들이 담겨 있다. 한국의 비버리힐즈라 불리는 최고급 타운에서 달동네의 모습을 들여다본다는 것이 조금 아이러니하지만, 어쨌든 소소한 풍경들을 바라보고 있자니 입가에 미소가 번진다. 사실 작품보다는 전시관의 분위기에 더 시선이 간다. 은은한 인공조명과 천장에 난 유리창을 통해 비쳐드는 자연광이 조화를 이뤄 빛이 참 예쁘다. 반질반질한 검정색 대리석을 깔아놓은 바닥에는 전시관 내부가 반영되어 마치 물 위에 서 있는 기분이 들게 하고, 그 가운데 메마른 나무가 적절히 배치되어 운치를 더한다.

이제 차를 타고 바람 미술관으로 이동해본다. 판자를 촘촘이 엮어 만든 기다란 나무집 안에는 판자 사이사이로 엷은 빛이 스며들고 있다. 그 좁은 틈새를 길 삼아 바람이 오가며 머물다 가는 곳, 바람 미술관은 그런 곳이다. 조용히, 그리고 가만히 귀를 기울여본다. 안으로 들어오지 못한 바람이 주변을 배회하는 소리가 들린다.

천장이 뚫린 돔 형태의 물 미술관은 외관보다는 내부의 모습이 더 매력

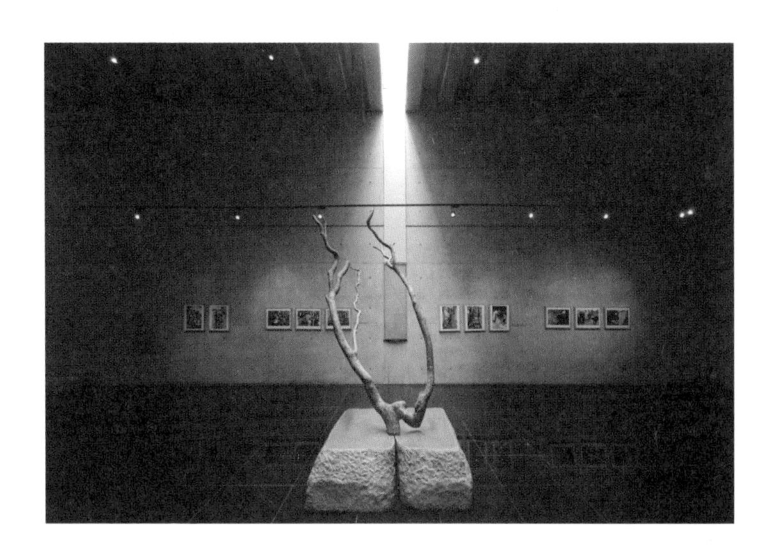

적이다. 안으로 들어서자 타원형으로 뻥 뚫린 천장이 가장 먼저 눈에 들어온다. 파란 하늘이었으면 좋았을 텐데, 내심 아쉽다. 바닥에는 네모난 틀을 만들어 자갈을 깔고, 거기에 물을 채웠다. 물은 바람결에 잔잔한 파동을 만들어낸다. 물가 곳곳에는 바위들이 놓여 있어 쉴 자리를 만들어준다. 모서리 자리에 앉아 가만히 물결의 움직임을 바라보고 있노라니, 절로 명상이 된다. 물은 마음을 평온하게 만드는 마력이 있다.

비오토피아에서 얼마 떨어지지 않은 곳에는 이타미준이 설계한 또 하나의 걸작, 포도호텔이 있다. 포도호텔은 제주의 오름과 초가집을 모티브로 만들어졌으며, 하늘에서 내려다본 모습이 마치 포도송이를 닮았다고 하여 이름 지어졌다. 이곳에서는 조용히 복도를 따라 거니는 것만으로도 힐링이 된다. 조명은 대체로 어둡고 은은하다. 덕분에 창을 통해 들어오는 빛이 더 소중하게 느껴진다. 원통모양의 캐스캐이드 안에는 계절마다 다른 제주도의 자연을 함축적으로 담아냈다. 창과 테라스를 통해 보이는 풍경 속에는 제주도의 자연이 있는 그대로 담겨 있다. 포도호텔은 총 26개의 객실을 갖추고 있다. 한실과 양실, 스위트룸으로 나눠지는데 저마다 고유의 풍경을 갖고 있다. 어느 객실에서는 녹음 짙은 숲이 보이는가 하면, 또

어느 객실에서는 푸르른 초원에 누워있는 기분이 든다. 오름과 바다가 한눈에 들어오는 스위트룸 테라스에서의 전망은 그야말로 감동이다.

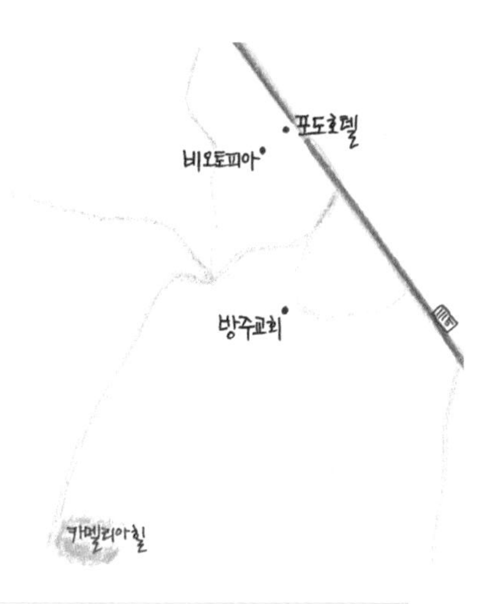

이타미준의 건축물들은 서귀포시 안덕면 상천리 일대에 모여 있다. 대중교통으로는 이동이 어려워, 자가용을 이용해야 한다. 비오토피아와 포도호텔은 일반인들의 출입이 허락되지 않지만, 레스토랑은 이용 가능하다. 단, 비오토피아는 예약을 통해서만 레스토랑을 이용할 수 있다. 방주교회 내부는 오전 10시부터 오후 4시까지 개방된다. (월요일은 제외)

포도호텔&비오토피아 서귀포시 안덕면 상천리 산62-3번지
(포도호텔 064.793.7000 / 비오토피아 레스토랑 064.793.6030)

방주교회 서귀포시 안덕면 상천리 427번지 (064.794.0611)

030

,

시간이 멈춘 듯 신비로운 비경, 안덕계곡

반인반수와 인간의 사랑을 다룬 드라마 〈구가의서〉 속, 월령이 살았던 계곡. 마치 CG로 빚어놓은 듯, 현실의 세상에 절대 존재하지 않을 것 같은 신비로움을 간직한 곳. 그곳이 제주도에 실존한다는 사실을 알고 심장이 두근두근 방망이질을 해대기 시작했다. 전설에 따르면 태고에 하늘이 울고 땅이 진동하고 구름과 안개가 낀 지 9일 만에 군산이 솟아났다고 한다. 그리고 그 군산 옆으로 깊은 계곡이 존재한다. 바로 안덕계곡이다.

처음 안덕계곡을 찾은 건 빗방울이 잦아든 6월의 어느 초여름 날이었다. 남덕사라는 작은 사찰 앞, 계곡으로 향하는 길에 들어서자마자 짙은 풀 내음에 코를 벌름거렸다. 상록수림과 양치식물들이 뒤섞인 숲은 온통 초록이었고, 마치 정글 속에 들어와 있는 것 같은 착각마저 들었다. 걷기 좋게 만들어진 나무데크를 따라 가다 보니 얼마 지나지 않아 천상의 공간이 펼쳐졌다. '우둘투둘' 거친 표면을 가진 수직절벽이 협곡을 이루고 있었고, 하늘은 절벽에서 뻗어 나온 나뭇가지와 푸른 잎사귀들로 가려져 있었다. 바닥에는 평평한 암반들이 깔려 있었고, 그 위로 얕은 물줄기가 졸졸졸 흐르고 있었다. "와!" 눈앞에 펼쳐진 풍경에 감탄사가 먼저 터져 나왔다. 그 어떤 기운에 압도당한 채 실제 신의 영역이라도 되는 것 마냥 영험한 기운마저 느껴졌다.

협곡을 뒤덮고 있는 나무는 동백이었다. 함께 이곳을 찾은 제주 토박이 지인은 봄이 되면 붉은 동백꽃들이 나뒹구는 계곡의 모습이 절경이라고 했다. 그 모습이 궁금해 이듬해 2월이 되어 다시 안덕계곡을 찾아갔다. 버스를 타고 갔기에 일주도로 쪽 입구로 들어섰다. 울창한 나무들이 터널을 만들고 있는 산책로를 뒤로하고 돌하르방이 먼저 반겼다. 계절은 바뀌었지만 숲은 어김없이 푸르렀다. 계곡엔 나 혼자였다. 적막한 기운이 조금은 스산하게 느껴질 때, 졸졸졸 물소리와 새들의 재잘거림이 위안이 되었다. 아쉽게도 동백꽃 깔린 계곡을 보기엔 조금 이른 걸음이었다. 잔뜩 부풀었던 마음이 풍선 바람 빠지듯 쪼그라들었지만, 대신 안덕교 위로 올라갔다. 위에서 내려다본 계곡의 모습이 궁금했기 때문이다.

마치 브로콜리를 심어놓은 듯 우거진 숲 사이로 빼꼼히 물줄기가 보였다. 위에서만 내려다봤다면 저 아래 그토록 신비로운 계곡이 숨어있는지 절대 모를 것 같았다. 새삼 촬영지 섭외를 담당하는 분들이 대단하게 느껴졌다. 어찌 그리도 숨은 비경들을 잘도 찾아내는지.

포기하지 않고 다시 안덕계곡을 찾았다. 두 번째 방문 후 한 달이 지나 3월이었다. 두근두근... 조마조마... 이번에도 실패하면 포기할 생각이었다. 전날 비가 내렸기에 계곡물은 눈에 띄게 불어 있었다. 바닥에는 붉은 선혈들이 낭자했다. 위를 올려다보니 낭창낭창 흔들리는 나뭇가지에 붉은 꽃송이들이 매달려 있었다. 걷고 있는 와중에도 머리 위에서 톡톡 동백꽃이 떨어졌다. 속으로 쾌재를 불렀다. 위미리에서, 카멜리아힐에서, 그리고 제주 곳곳에서 숱하게 동백꽃을 보았지만 이보다 더한 감동은 없었다. '심봤다!'

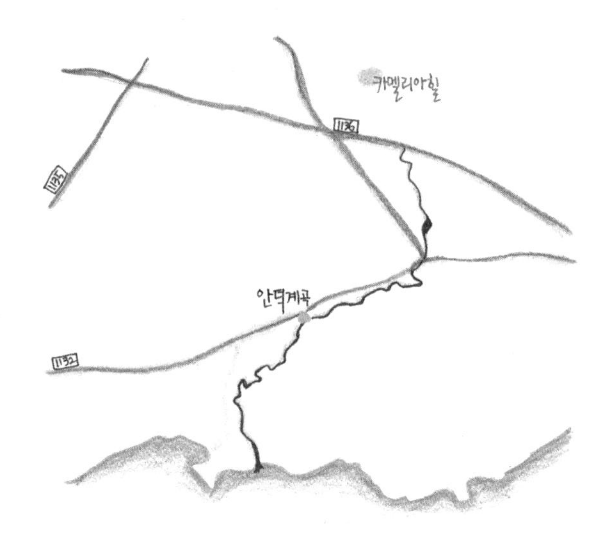

대중교통 이용시 서일주노선(702번) 버스를 타고 안덕계곡 정류장에서 하차하면 바로 이정표가 보인다. 제주시에서 이동시, 서일주노선보다는 516-중문고속화 노선(780번)을 이용하는 게 빠르다. 이 경우 감산리 정류장에서 하차해 안덕계곡 삼거리쪽으로 500m 정도 걸어야 한다. 안덕계곡의 입구는 두 곳이다. 남덕사 맞은편으로 진입할 경우 울창한 숲길 산책로가 좋고, 일주도로쪽 입구로 들어설 경우 계곡물 흐르는 소리가 청아하게 들린다. 붉은 동백꽃이 깔린 계곡을 보고 싶다면 3월 중순 이후에 찾는 게 좋다.

저녁시간
함께 일할 친구를
TAKE - OUT
coffee
beer
wine
dess rt
sandwich

031

,

이중섭거리 카페 산책, 플라워카페 may飛와 공방카페 바농

비오는 날, 거리를 헤매다 보니 하늘색 벽에 'Halla한라'라는 흰 간판을 단 꽃집이 눈에 들어온다. 가게 앞에는 화사한 꽃 화분들이 진열되어 있고, 물기 젖은 촉촉한 바닥에는 붉은 꽃잎들이 흐트러졌다. 차마 들어가지 못하고 앞에서 서성이며 꽃구경을 하다 바로 옆 카페에 시선이 멎었다. 언젠가 한 번 들어본 적 있는, 이중섭거리에서는 꽤나 유명한 카페 'may飛(메이비)'다. 그렇지 않아도 향긋한 커피향이 그리웠던 찰나였다. 우중충한 날에는 카페에 죽치고 앉아 그저 창밖이나 바라보고 있으면 좋겠다고 생각하고 있었다.
카페는 오픈을 준비하고 있다. 입구에 놓인 테이블에는 오드아이를 가진 새하얀 고양이가 인형처럼 앉아 바깥 구경을 하고 있고, 안쪽에서는 바닥을 쓸고 닦느라 여념이 없다.
"아직 오픈 전인가요?"
"네. 12시부터예요."

TAKE-OUT
coffee
wine
may飛

딱히 어디를 다녀올 생각이 없어 앞에서 기웃대며 사진을 찍고 있는데, 그게 신경이 쓰였는지 안으로 들어와 기다리란다. 기대치 않은 호의에 고맙다는 인사를 건네고 고양이 옆에 나란히 앉았다.

"얘 이름이 뭐예요?"

"반달이요."

녀석은 내가 옆에 앉자 냉큼 무릎 위로 올라와 자리를 잡더니 이내 불편한지 바닥으로 내려가 묶여 있는 줄로 의자를 휘감아가며 이리저리 배회하기 시작했다. 자리를 뺏은 게 괜스레 미안해 녀석을 다시 의자로 올려놓고 맞은편 자리로 옮겨 앉았다.

청소가 끝나자 주인은 메뉴판을 가져다줬고, 나는 초코머핀과 카페모카를 주문했다. 잠시 후 달달한 머핀과 생크림이 풍성하게 얹어진 카페모카가 나왔고, 나는 포크로 머핀을 파먹으며 아무 생각 없이 거리를 바라보았다. 카페 안은 어느덧 음악으로 채워졌다. 꿀꿀한 날씨와 어울리는 축축한 멜로디가 흘러나오고 있었다. 상가가 늘어선 거리에는 사람들이 오가고, 카페 앞 의자에 앉은 아저씨는 주차단속을 하고 있었다. 그들에겐 치열한 일상인데 혼자 여유로운 것이 못내 죄송스러워 음료라도 하나 대접해드릴까 하다, 괜한 오지랖이다 싶어 생각을 접었다.

한 시간 정도 앉아 있다가 다른 카페로 자리를 옮겼다. 이번에는 바느질을 하기 위해서다. 이중섭거리에는 간세인형을 만들 수 있는 공방카페가 있다. 이중섭 생가에서 오르막길을 오르다 보면 오른쪽에 보이는 카페 '바농(바늘의 제주어)'이다. 간세는 제주도 조랑말을 가리킨다. 제주올레

조합에서 운영하고 있는 간세인형 만들기 체험은 쓸모없는 천을 이용해 헌 천에 새 생명을 불어넣어주고, 제주도 여성들에게 행복한 일터를 만들어주는 착한 프로그램이다.

체험공간은 카페 입구 쪽에 마련되어 있다. 벽면 선반에는 60여 종에 달하는 색색의 실이 가지런히 놓여 있고, 천장에는 대롱대롱 간세인형 모빌이 매달렸다. 인형을 만드는 데 있어 전반적인 작업을 다 진행하는 것은 아니다. 솜을 넣어 형태를 잡아놓은 몸체 가장자리에 스티치를 두르고, 눈과 꼬리를 만들어주는 작업만 직접 해볼 수 있다. 바구니에 담긴 인형들 중 마음에 드는 크기와 색상을 고르고, 이어 스티치를 넣을 실 색깔을 선택한다. 나는 연두색에 엉덩이 부분만 체크무늬 천이 덧대진 열쇠고리용 작은 간세인형을 집었고, 실은 자주색을 골랐다. 이제 스티치를 넣을 차례다. 먼저 선생님이 시범을 보이며 설명을 하는데, 열 땀 정도 예시를 만들어주고는 바늘을 넘긴다. '줄이 삐뚤어지지 않게, 간격은 일정하게!' 배운 대로 한 땀 한 땀 실을 꿰어나가는 것이 처음에는 무척 재미있다. 요조숙녀가 된 기분이 제법 근사하다. 그런데 시간이 갈수록 점점 집중력이 흐트러진다. 두꺼운 천을 뚫느라 바늘을 꽉 쥐고 있었더니 손끝은 저려오고, 반복되는 작업을 하고 있자니 이마에는 송글송글 땀이 맺힌다.

"아이고~ 힘들어!"

"쉬운 일이 아니죠?"

꼬박 한 시간이 걸려서야 바느질이 끝나고 나면, 이제 눈을 달아줄 차례. 실을 끊지 않고 안쪽으로 이어 단추를 달아주면 눈은 간단하게 완성된다. 꼬리는 더 쉽다. 어릴 적 머리 좀 땋아봤다 하는 사람이라면 식은 죽 먹기!(사내들은 어려울 수도 있겠군.) 실을 수십 가닥으로 만들어 빗은 다음 머리 땋듯 세 갈래로 촘촘하게 땋아주면 된다. 마무리는 열쇠고리를 다는 것인데, 이건 선생님 몫이다.

완성된 간세인형을 보면서 뿌듯해하고 있는데, 한쪽에 앉아 있던 남자가 조용히 일어서 카운터로 다가간다. 그러더니 진열되어 있는 큼직한(작은 꼬마아이 만한 크기) 인형을 가리키며 저걸 주문하고 싶다고 한다. 완성되는 대로 보내달라며 배송지 주소를 남겨두고 나가는데, 뭐지? 이 상대적 박탈감은? 남자는 누군가에게 선물을 할 거라고 빠른 배송을 부탁했다. 상대는 분명 여자겠지? 아, 왠지 부럽다. 나는 바로 직접 만든 간세인형 사진을 찍어 오빠에게 카톡을 보냈다.

"방금 만든 열쇠고리야. 오빠꺼! 이뻐?"

"오호~ 잘 만들었다. 이쁘다."

그 한마디에 어깨가 으쓱해진다. 선물은 받는 것보다 주는 것이 더 행복한 법이니까 부러워하지 않을 거다. 칫!

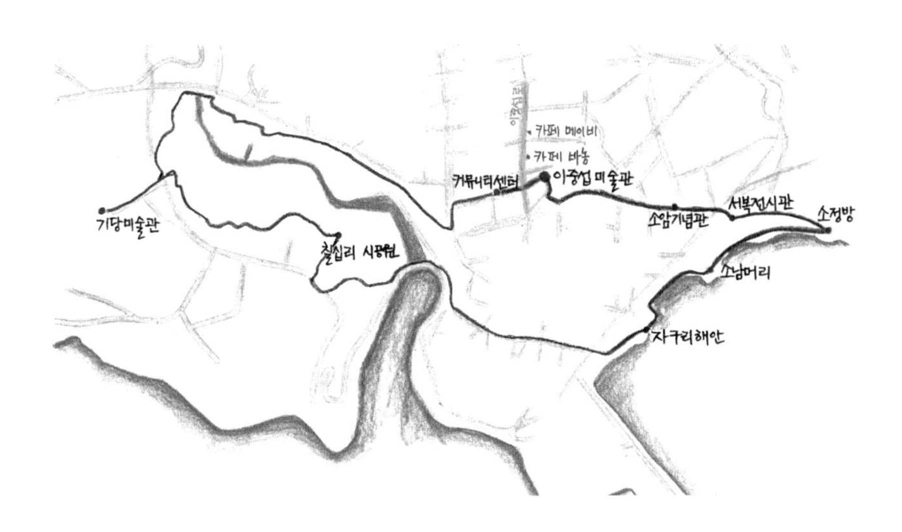

카페 may飛

- **주소** 서귀포시 서귀동 416-2
- **문의** 070.4143.0639

카페 바농

- **주소** 서귀포시 서귀동 528-5
- **문의** 064.763.7703
- **간세인형 만들기** 체험비 개당 12,000원 / 체험시간 오후 1시~4시

유토피아로

032

,

사색에 잠겨 걷기 좋은 길, 작가의 산책길

초가지붕 위로 새하얀 목련이 피었다. 마당으로 들어서니 툇마루에 누렁이 한 마리가 달콤한 낮잠을 자다 눈을 번쩍 뜬다. 손님이 찾아든 것을 보고는 어슬렁어슬렁 마당으로 내려와 다가온다. 아담한 초가 한 채와 황토가 깔린 마당, 그리고 마당 한쪽에 원두막이 놓인 이곳은 화가 이중섭이 거주했던 집이다.

평안남도 평원군에서 태어난 이중섭은 일본 유학생활을 하며 화가로서의 꿈을 키워나갔고, 재학중 다양한 작품을 출품하며 각광을 받기 시작했다. 그러던 그가 서귀포로 온 것은 1951년 한국전쟁이 난 후였다. 일본인 아내와의 사이에 아들 둘을 둔 그는 전쟁을 피해 제주도까지 흘러들어오게 되는데, 당시 약 1년간 머물렀던 집이 이곳 이중섭거리에 있다.

소실되었다가 복원된 집에는 사람이 살고 있어 내부를 둘러볼 수는 없지만, 이중섭과 그의 가족이 함께 지냈던 방은 개방하고 있다. 이중섭의 초상화만 덩그러니 놓여 있는 방은 한 사람이 지내기에도 비좁아 보인다.

넷이나 되는 가족이 살을 부비며 반찬도 없이 밥을 먹고, 해안가에서 잡은 게를 삶아 끼니를 때웠다고 생각하니 애처롭기 그지없다. 그래도 이중섭은 제주도에서의 생활을 가장 행복했던 시간이라고 추억했다. 이후 가족을 일본으로 떠나보내야 했기에 서로의 숨소리를 공유할 수 있었던 그 시절이 얼마나 그리웠겠는가. 결국 부산, 통영 등지를 떠돌며 부두노동과 작품활동을 하다 40세의 젊은 나이로 생을 다했으니, 참으로 애처로운 삶이다.

이중섭거주지 뒷문으로 나가면 공원과 미술관을 차례로 만나게 된다. 공원에는 '서귀포의 환상'이라는 작품의 모태가 된 밀감나무와 나무 아래에 앉아 바다를 바라보며 작품구상을 하곤 했다는 향나무가 100년이 넘는 세월을 이겨내고 있으며, 밀감나무 옆에는 생전 이중섭 화백의 모습을 빗어낸 동상이 앉아 있다. 간밤에 내린 비 덕분에 공원의 꽃과 나무에 물기가 촉촉하다. 진달래, 동백꽃, 수선화, 이름 모를 들꽃들이 싱그럽다. 공원 위쪽에는 미술관이 자리하고 있다. 1층 이중섭 전시실은 그의 생애와 작품들을 돌아볼 수 있는 공간으로 꾸며져 있고, 2층은 기획전시실로 미술관에서 소장하고 있는 작품이나 그외 다양한 작가들의 작품들이 전시되는 공간이다. 옥상전망대에 오르자 저 멀리 서귀포 바다가 파노라마처럼 펼쳐진다. 가장 왼쪽 섶섬을 시작으로 서귀포항, 문섬, 새섬, 세연교가 한눈에 들어온다. 중문 일대의 빼곡한 건물들과 미술관 바로 아래 이중섭거주지도 내려다보인다.

중섭
공방
화체험
섭공방

작가의 산책길을 따라 자구리해안까지만 가보기로 하고 걸음을 옮기는데, 고양이 한 마리가 따라붙는다. "냐~옹~" 계속해서 말을 걸며 몸을 비벼대기에 그냥 지나치지 못하고, 근처 편의점에 들러 크래미 하나를 사 왔다. 녀석은 부스럭 소리가 나자 금세 눈치를 채고 달려들었다. 먹기 좋게 살을 잘게 찢어 건네주는데 찢는 속도보다 먹는 속도가 더 빠르다. 식탐을 이기지 못한 냥이는 이제 아예 쪼그려 앉은 무릎 위로 앞발을 척! 얹고 서서 먹을 것을 갈구한다. 결국 크래미 한 팩을 완전히 헌납하고 나서야 길을 떠날 수 있었다.
미술관에서 나오는 길목 맞은편 트멍공방 앞에는 이중섭거주지에 사는 누렁이가 앉아 있다. 공방 주인은 녀석과 독대하고 서서 슬슬 달래는 중이다.
"지금은 먹을 게 없어~ 찌개를 끓였는데 네가 먹기엔 너무 맵다. 이따 저녁에 다시 와~."
주인은 안으로 들어가 버렸지만, 누렁이는 떠날 생각을 않는다. 그 모습이 귀여워 피식 웃음이 나온다. 공방 안으로 들어가니 목걸이, 반지, 시계, 열쇠고리 등 탐나는 물건들이 가득이다. 이걸 다 직접 만들었냐는 물음에 공방 주인은 고개를 절레절레 흔든다. 수공예품은 맞으나 본인이 직접 만든 것은 아니란다. 주머니 사정을 생각해 그냥 나오려다 바구니에 가득 담긴 열쇠고리를 보고는 혹하고야 말았다. 요리조리 뒤적이다 결국 각각 색깔이 다른 간세인형 열쇠고리 네 개를 골라 집었다. 친구들과 하나씩 사이좋게 나눠가져야지.

공방을 나와 이중섭 문화거리로 향한다. 주말이면 예술장터가 열려 북적일 테지만, 오늘은 평일이라 한산하다. 문화거리에는 유토피아 커뮤니티 센터가 있다. 이곳에서는 유토피아로에 설치된 예술 조형물들을 사진이나 영상으로 만나볼 수 있으며, 작품을 소재로 한 다양한 소품들이 진열되어 있는 아트샵도 운영중이다.

센터를 둘러보고 나와 다시 길을 걷는데 가로등 위에 얹혀 있는 그림이 눈에 들어온다. 한 사내가 쪼그리고 앉아 눈물을 흘리고 있는 그림 아래에는 '자식을 그리며' 라는 제목이 걸려 있다. 그림에서 생전 이중섭의 모습이 투영된다. 아내와 아이들을 떠나보내고 그는 이처럼 그리움의 눈물을 흘렸겠지. 걸어왔던 길을 뒤돌아보고서야 가로등마다 그림이 얹어져 있다는 것을 눈치챘다. 이런. 눈썰미하고는.

천지연폭포 입구 사거리로 나와 이정표를 따라가니 호젓한 산책로가 시작된다. 서홍천과 태평로를 사이에 두고 이어지는 길은 인근 주민들의 산책 코스이기도 하여 드문드문 쉴 자리와 운동기구들이 놓여 있다. 걸을수록 숲은 더욱 풍성해지며 진한 풀내음을 뿜어내고 천지연폭포와 가까워지고 있는지 물소리도 들리기 시작한다. 사방에서 새들이 지저귀는 소리가 귓가에 울린다. 오감이 꿈틀꿈틀 살아나는 느낌이다. "이 길 참 예쁘다" 라고 절로 되뇌게 된다.

주상절리를 형상화한 난간이 세워진 서귀교를 지나 칠십리 시공원으로 향하는 길에는 커다란 야자수가 줄줄이 심어져 있다. 조각낸 돌을 깔아 놓은 길은 물기에 젖어 반짝반짝 빛난다. 문득 체코 프라하의 거리가 떠

오른다. 비에 젖은 돌바닥이 참 멋스럽다 생각했는데, 그 길과 좀 닮았다. 공원 입구에 있는 유토피아 갤러리로 들어갔다. 아무도 없는 갤러리를 둘러보고 있는데, 불현듯 관리인이 나타나 작품 설명을 해준다. 천장에 매달린 낚싯줄에는 황토로 빚은 돌멩이들이 엮어져 있는데, 이는 꿈과 희망의 씨앗을 의미한단다. 벽에 붙어 있는 현무암과 호미는 제주도의 밭을 상징하고, 해녀들이 착용하는 수경과 머구리로 장식된 어두운 방은 제주도의 바다를 담았다. 2층에는 퍼포먼스 작품을 비롯한 사진들이 전시되어 있다.
갤러리를 나와 곳곳에 새겨진 시 구절들을 하나하나 읽어가며 걸음을 옮기니 어느새 천지연폭포가 내다보이는 전망대에 이르렀다. 우거진 나무 사이로 두 줄기의 폭포수가 시원하게 떨어지는 모습이 마치 그림 같다. 천지연폭포는 입장료를 내야만 구경할 수 있을 줄 알았는데, 이렇게 공짜로도 볼 수 있다니 횡재한 기분이다. 폭포수 아래에서 보는 느낌은 또 다르겠지만, 어쨌든 지금은 여기가 명당이다.

천지연광장과 칠십리교를 지나 음식특화거리를 따라 걷다 보니 드디어 자구리해안이다. 자구리해안은 이중섭 화백이 가족들과 함께 게를 줍곤 했던 곳으로, 후에 그는 작품을 통해 이곳에서의 추억을 그려냈다. 그 속에는 문섬과 섶섬이 보이는 바다에서 게를 잡으며 행복한 한때를 보내고 있는 가족이 있다. 그리고 현재 자구리해안에는 그 그림에서 영감을 얻은 브론즈 작품이 설치되어 있다. 바로 작가 정미진의 '게와 아이들 - 그리다'가 그것. 이외에도 송필의 '실크로드 - 바람길', 송창훈의 '쉬엉갑

써', 고정순의 '아트파고라' 등 여러 점의 작품이 이곳을 더욱 운치있게 꾸며주고 있다.

작가의 산책길은 서귀포에 머물며 작품활동을 했던 예술가들의 자취를 돌아보는 길로, 시작점은 이중섭미술관이다. 그 안에 2012 마을미술 프로젝트로 유토피아로가 조성되었으며 이중섭미술관부터 길이 시작된다.
코스는 1코스부터 3코스까지 나뉜다.

1코스(4.9km) : 이중섭미술관 → 커뮤니티센터 → 기당미술관 → 칠십리 시공원 → 자구리해안 → 소남머리 → 서복전시관 → 소정방 → 소암기념관 → 이중섭공원
2코스(2.7km) : 이중섭미술관 → 커뮤니티센터 → 기당미술관 → 칠십리 시공원 → 이중섭공원
3코스(2.8km) : 이중섭미술관 → 자구리해안 → 소남머리 → 서복전시관 → 소정방 → 소암기념관 → 이중섭공원

이중섭미술관 http://jslee.seogwipo.go.kr/
- **주소** 서귀포시 서귀동 532-1
- **문의** 064.733.3555
- **관람시간** 오전 9시부터 오후 6시까지 (매주 월요일과 1월 1일, 명절 당일은 휴관)
- **입장료** 성인 1,000원 청소년 500원, 어린이 300원

漢鹿址

4장

한라산

&

중산간

middle & Hallasan

033

,

초보산행가의 무모한 도전, 한라산

여행을 좋아하지만, 산을 즐기는 편은 아니다. 걷는 것을 좋아하지만, 오르막이라면 질색한다. 그런 내가 한라산에 가고자 마음을 먹었다니 스스로도 신통방통한 노릇이다. 일종의 오기 같은 거였다. '제주도에 왔으니 한라산은 정복하고 말리라. 죽기 전에 백록담은 봐야 하지 않겠냐.' 뭐, 이런 심리랄까. 심지어 옷차림도 무리수였다. 얇디얇은 레깅스 위에 짧은 반바지, 방수는 고사하고 물에 젖으면 무게가 천근만근이 되는 패딩을 걸쳤다. 등산스틱이 웬 말? 그나마 아이젠과 스패츠를 챙겼으니 다행이라고 해두자. 배낭에 든 것이라고는 500ml 생수 한 병뿐, 뭐 하나 제대로 준비된 것이 없는 산행이었다. 동네 뒷산이나 겨우 올라 다니는 초보산행가의 무모한 도전이 시작되었다.

새벽 5시, 알람이 울리기가 무섭게 눈을 떴다. 씻기 위해 겨우 몸을 일으켰지만 다시 자리에 드러눕고 말았다. 그러기를 두세 번쯤 반복하다 스스로를 다그치고 간신히 욕실로 향했다. "아~ 졸려..."

주섬주섬 채비를 하고 숙소를 나서는데 빗방울이 떨어진다. 숙소에서 제주시청 앞 버스정류장까지 걸어가는 10여 분 동안 비를 맞으며 족히 열 번은 갈등한 것 같다. 마음은 숙소로 돌아가 누웠건만, 몸은 이미 성판악행 버스에 올라 있었다. 첫차인데도 버스 안은 만원이었다. 알록달록한 등산복 차림의 승객들을 보아하니 대부분 한라산에 가나보다.

버스에서 내리자 입구는 벌써 북새통이다. 여기저기 난잡하게 서 있는 자동차들, 북적이는 사람들, 하늘에서는 부슬비까지 추적댄다. 휴게소에서는 끊임없이 '날씨가 좋지 않으니 우의와 아이젠을 갖추고 산에 오르라' 고 방송하고 있다. 미처 챙기지 못한 우의를 살 겸 먼저 휴게소에 들러 간식으로 먹을 김밥을 한 줄 사고, 우의와 스패츠를 착용한 후 다시 밖으로 나왔다. 탐방로 입구에서 아이젠까지 갖추고 나니 이제 출발이다.

한라산 백록담까지 가려면 두 개의 코스 중 하나를 택해야 한다. 성판악 휴게소를 기점으로 하는 코스와 관음사 매표소에서부터 오르는 코스가 있는데, 경치가 수려하기로는 관음사 코스를 제일로 친다. 하지만 '지옥의 코스' 로 불릴 만큼 험하다고 소문난 길이라 기꺼이 나설 용기가 없었다. 주로 성판악에서 시작해 관음사에서 끝내는 코스로 계획한다고들 하는데 자신이 없어 성판악 코스에서 시작해 원점으로 돌아오기로 했다.

"성판악 코스는 그렇게 힘들지 않아. 대부분 평지 수준이라 사진 찍으며 슬슬 걸으면 갈 만할 거야."

먼저 한라산에 다녀온 지인이 해줬던 말처럼 초반에는 꽤 쉬운 길이다. 경사가 거의 없다고 해도 될 정도로 평탄한 길의 연속인데다, 날씨가 궂은 탓인지 상상했던 것보다 등산객의 행렬이 길지 않아 중간중간 걸음을 멈추고 풍경을 즐길 여유도 있다. 이곳은 완벽한 눈 세상이다. 사람들의 발길이 닿지 않는 곳에는 허리까지 눈이 찰 정도로 수북이 쌓였다. 자욱한 안개에 실루엣만 간신히 드러내고 있는 메마른 나무들은 현실의 것이 아닌 듯 신비로운 분위기를 자아낸다. 인파가 많은 날에는 잠깐 숨을 고르기 위해 멈춰 서는 것조차 눈치가 보일 정도라고 하니 어쩌면 흐린 날씨가 다행이라는 생각도 든다. 다만, 의외의 복병은 우의다. 이건 한증막이 따로 없다. 체온이 빠져나가지 못해 습기가 차오르니 온몸이 눅눅해

죽을 맞이다. 결국 '비, 까짓 거 그냥 맞자' 며 우의를 벗어버렸다. 방한용으로 착용하고 있던 워머와 마스크, 모자마저도 귀찮아졌다. 몽땅 벗어 가방 속에 쑤셔 박고 나자 몰골이 말이 아니다. 축축하게 젖은 머리는 제멋대로 갈라지고 양 볼은 빨갛게 달아올라 촌년 코스프레를 하고 있다. 괜찮아. 잘 보일 사람 없잖아?!
보슬보슬 내리던 비는 고지대로 올라갈수록 눈으로 변해간다. 숲을 가득 메우고 있던 안개는 슬슬 걷히는가 싶더니 다시 시야를 흐릿하게 만든다. 하지만 그런 대로 좋다. 날이 좋으면 좋은 대로, 궂으면 궂은 대로 또 다른 느낌이 있는 것이 자연의 매력 아니겠는가. 흐린 날의 한라산에서 만나는 풍경은 마치 눅눅한 화선지에 그려진 은은한 수묵화 같다. 안개비와 땀에 온몸은 축축이 젖어가면서도 몽환적인 기분에 취해든다.
한라산 정상에 오르는 데는 시간제한이 있다. 이것은 미션! 진달래밭 대피소에 12시까지 도착해야 백록담으로 오르는 길이 허락된다. 아침 8시부터 걷기 시작했기 때문에 여유 있는 편이지만, 만약을 대비해 사라오름을 포기한 채 부지런히 걸었다. 다소 평탄하게 이어지던 길은 사라오름 입구를 전후로 점점 가팔라지기 시작했다. 숨이 가쁘고 허벅지가 조여 왔다. 마의 구간! 5.8km를 두 시간에 주파했건만, 남은 1.5km를 걷는 데 무려 한 시간이나 걸렸다. 드디어 골인!
김밥 한 줄로 허기를 달래며 걸었는데도 배가 고프다. 참새가 방앗간을 그냥 지나칠 수는 없지. 이미 대피소 안쪽 매점에는 컵라면을 사기 위한 등산객들의 행렬이 길게 늘어섰다. 매점 직원은 컵라면을 뜯어 산처럼 쌓아놓고 손님을 맞는다. 라면은 육개장 사발면 딱 한 종류로, 선택의 여

지가 없다. 드디어 내 차례가 되고, 뜨거운 물을 부어 건네주는 컵라면을 받아 인파 속에 자리를 잡았다. '후~후~' 불어가며 먹는 산 라면의 맛은 말이 필요 없다. 땀이 식어 한기가 올라올 때, 뜨거운 라면 국물이 목구멍으로 넘어가 가슴을 한껏 달구면 형용할 수 없는 쾌감이 느껴진다. 역시 산에서는 라면이 진리다. 한라산에는 쓰레기통이 없다. 휴게소에서 발생한 쓰레기도 개인이 챙겨야 하는 게 이곳 룰이다. 새하얀 눈 위에 빨건 국물을 버릴 수가 없어 남은 것을 한 번에 들이켜고, 다시 산행을 시작한다. 진달래밭 대피소에서 백록담까지는 2.3km. '흣~ 금방 가겠네~' 코웃음 치며 시작했건만, 시작부터 만만치 않다. 길은 비탈진 데다 안개가 자욱해 한 치 앞도 보이지 않는 상황에서 앞사람 꽁무니만 졸졸 따라가고 있자니 답답하기 짝이 없다. 그렇다고 앞서 나갈라치면 조금만 삐끗해도 낭떠러지로 떨어질 형국이다. 원래 바닥에 나무 데크가 깔린 길이라는데 얼마나 눈이 쌓였는지 흔적조차 찾을 수가 없고, 난간이 되어주는 줄은 겨우 발목에 걸릴 정도로 파묻혔다. '미끄러운 눈길에서 넘어지기라도 한다면?' 아찔한 상상에 머리칼이 쭈뼛쭈뼛 선다. 몸에는 잔뜩 힘이 들어가고, 정신은 오로지 길에만 집중하게 된다.

드디어 정상에 닿았다. 하지만 백록담은 어디에? 바로 앞 사람 실루엣도 간신히 보이는 상황인데 백록담이 시야에 들어올 리 만무하다. 등산객들이 모여 내려다보고 있는 자리 어디쯤에 백록담이 있을 거라고 추측할 뿐이다. 한라산은 가혹하게도 안개와 눈 속에 모든 것을 숨겨버렸다. 억울하고 야속하지만 별 수 없다. 삼고초려를 하고도 백록담을 보지 못한 사람들이 부지기수라니 목마른 사람이 다시 우물을 팔 수밖에.

허탈감 때문임에 틀림없다. 산을 오를 때보다 내려오는 길이 더 힘들게 느껴지니 말이다. 부들부들한 앙고라 양말을 신은 탓에 발바닥이 미끄러져 자꾸만 등산화 앞꿈치에 헤딩을 한다. 발톱이 빠질 듯한 통증에 쉬다 걷다를 반복하다 보니 어느새 끝이다. 장장 아홉 시간의 대장정이 끝났다.

한라산 등정의 여파로 영광의 후유증을 얻었다. 엄지발톱이 죽었다. 멍들어 죽은 발톱을 밀어내며 다시 새 발톱이 돋아났고 마치 퇴적물이 쌓인 지층 단면처럼 울퉁불퉁 못난이 발톱이 되어버렸다.

"한라산 또 오르라면 갈 수 있겠어?"

한동안 고개를 절레절레 흔들었다.

"당분간은... 안 갈래."

언제가 될지는 모르지만 영원히 포기는 아니다. 백록담을 보지 못했으니 다시 가긴 가야겠다. 눈에 가려졌던 한라산의 속살도 봐야겠다. 화사한 진달래가 피는 계절을 기약해본다.

한라산 탐방 코스

① 어리목(6.8km / 왕복 6시간) : 어리목 → 사제비동산 → 윗세오름 → 남벽분기점
② 영실(5.8km / 왕복 5시간) : 영실 → 병풍바위 → 윗세오름 → 남벽분기점
③ 돈내코(7km / 왕복 7시간) : 탐방안내소 → 평궤대피소 → 남벽분기점
④ 성판악(9.6km / 왕복 9시간) : 성판악입구 → 속밭 → 사라오름 → 진달래밭 휴게소 → 정상
⑤ 관음사(8.7km / 왕복 10시간) : 관음사야영장 → 탐라계곡 → 삼각봉 → 정상

이 코스 중 백록담에 오를 수 있는 코스는 성판악과 관음사 코스, 둘이다. 탐방로별 등 · 하산 제한시간이 있으니 반드시 홈페이지(http://www.hallasan.go.kr/)를 통해 확인해야 한다.

034

,

놀멍쉬멍 제주, 그리고 바람카페 오므라이스

오늘은 제주시내로 갈 계획이다. 여행을 떠나온 지 3일째, 조식도 마다하고 늦잠을 잤다. 체크아웃 시간을 앞두고 느지막이 일어나 느긋하게 짐을 싸고 게스트하우스를 나선다. 다행히 지난밤 같은 방에서 머물렀던 분들이 같은 방향이라며 제주시내까지 데려가주시겠단다. 뚜벅이 여행자에겐 그저 고마운 호의다. 찬바람을 맞으며 버스를 기다리지 않아도 된다. 야호!

제주시내로 향하는 동안 숙소에서 못다 한 이야기들을 나누었다. 30~40대의 미혼여성 둘, 직장동료였던 그녀들은 제주도를 들락거리다 정착하고 싶다는 마음이 통해 함께 짐을 꾸렸다고 한다. 현재 부동산을 통해 원룸을 계약해놓은 상태로, 먹고살 방법에 대한 건 고민중이다. "아~ 부러워요~." 이야기를 듣는 내내 줄곧 한 마디만 내뱉고 있었다. 주변에 여행을 좋아하는 지인들이 많다 보니, 제주도에서 살고 싶어 하는 이들이 넘쳐난다. 나 역시 마찬가지다. 제주도로의 첫 여행은 늦었지만, 이곳에 오기 전부터 틈만 나면 제주지역 벼룩시장을 뒤적이곤 했었다. 확실한 계획이 있는 건 아니었다. 그저 무작정, 혹시라도 마음에 드는 보금자리나 직장이 나온다면 질러버릴 속셈이었다. 그렇기에, 생각을 행동으로 옮긴 그녀들의 무용담을 듣고 가슴이 요동치지 않을 리 없었다. 어쩌면 제주도에 자주 와야겠다는 생각을 굳히게 된 계기가 되었을 것이다. 당장 '살이'가 불가능하다면 잠시 스쳐가는 바람이라도 되어야겠다고 생각했다.

그녀들의 배려로 제주시내에 예약해놓은 숙소까지 편하게 올 수 있었다. 체크인 시간보다 일찍 도착한 탓에 짐만 맡겨두고 밖으로 나왔다. 점심을 먹어야 했기에 삼도2동에 자리한 '우진해장국'을 찾았다. 이곳은 고사리가 야들야들해질 정도로 푹 끓여서 만드는 제주도식 고사리 육개장이 유명하다. 메뉴판에 몸국이라는 다소 생소한 메뉴도 보였지만 일단 고민 없이 육개장을 주문했다. 음식이 내어지기까지는 5분도 채 걸리지 않았다. 고사리 육개장은 육지에서 먹던 육개장과는 빛깔부터 다르다. 기름 동동 띄워진 빨건 국물 대신 걸쭉한 고사리색 국물이 낯설다. 워낙 입이 짧아 가리는 음식이 많은 편이라 조심스럽게 한 술 떠봤다. 사골국의 담백함과 고사리의 고소함, 거기에 미미하지만 얼큰한 맛이 배어 있다. 실처럼 가늘게 찢은 닭고기와 고사리는 죽처럼 후루룩 넘어간다. 뜨끈한 밥 한 공기 말아 자작자작 떠먹으니 숟가락질이 멈추지를 않는다.

식사를 마친 후에는 동문시장으로 향했다. 이틀 동안 눈보라와 바람에 맞서야 해 고달팠고, 이어 한라산 등반이 예정되어

있기에 체력을 비축해야 했다. 오늘은 놀멍쉬멍 현지인 놀이를 해볼 작정이다. 그 지역을 제대로 알기 위해서는 시장을 가봐야 한다지만, 언젠가 한 번 진주의 시장통에서 사진을 찍다 상인에게 된통 욕을 먹은 후로는 시장이 불편한 곳이 되어버렸다. 그래도 한낮에 어슬렁거릴 만한 곳으로는 시장이 답이다.

나는 평소 발품을 파는 것보다는 클릭 한 번에 해결되는 온라인 쇼핑을 즐긴다. 오프라인 쇼핑이라면 그저 스쳐 지나가며 흘깃거리다 10분도 안 돼 지쳐버리는 편이다. 이번에도 그렇게 휘휘~ 둘러보다 유독 한 곳에 시선이 꽂혔다. 바로 제주 은갈치! 길이는 그렇다 치고, 어쩌면 이리도 반짝반짝 빛나는 은색을 띠고 있는지 어물전에 형광등 열 개는 켜 놓은 것 같다.

이어 제주 특산물 한라봉이 시야에 들어온다. 신과일은 입도 안 대시지만 한라봉은 잘 드시는 엄마가 문득 생각났다. 줄줄이 늘어서 있는 상점 중 하나를 골랐다. 사장님은 한라봉보다는 레드향이 좋은 시기라며 시식을 권한다. 귤과 비슷한 맛인데 시지 않고 달다. 이것으로 결정! 레드향은 한라봉과 서지향을 교배한 과일로 우리나라에서는 제주도에서만 난다고 한다. 그 희소성에 솔깃한 것도 사실이다. 엄마 집으로 한 박스 배송을 부탁하고는 명함 한 장을 받아 나섰다.

이번에는 '몸'이라는 나물이 눈에 들어온다. 방금 전 해장국집 메뉴에서 본 몸국이 궁금했던 차에 잘됐다 싶어 물었다.

"몸이 뭐예요?"

"모자반."

"그럼 몸국이 이걸로 끓인 국이에요?"

"(끄덕끄덕) 요것이 바다에서 나는 해조류인데, 돼지고기랑 같이 끓이면 몸국이 되지~."

친절하게 답변을 해주신 아주머니가 고마워 올레 꿀빵을 한 개 샀다(맛이 궁금하기도 했고). 아주머니가 일러준 대로 포장을 뜯기 전 한 번 꾹 눌러준 후, 압력에 의해 반으로 쪼개지면 포장을 뜯고 먹는다. 겉에는 잣과 해바라기씨 등의 견과류를 꿀과 함께 발랐고, 안에는 팥을 넣었다. 겉은 과자처럼 바삭하고, 속은 빵처럼 부드럽다. 고소하면서도 달다.

시장을 나와서는 길을 따라 그저 내집 앞 동네 어슬렁거리듯 서성인다. 로터리가 나오자 올레18코스 시작점이라는 이정표가 보이고, 제주시 번화가를 관통하는 산지천이 나타난다. 개천을 따라 걷다가 만난 골목에는 상가들이 운집해 있는데 풍기는 분위기가 남다르다. 건물들의 모양새로 보아 근대의 것이 아닌가 싶다. 아니나 다를까 영화를 촬영했던 거리라는 현판이 바닥에 놓여 있다. 벽에는 철 지난 영화 포스터들이 붙어 있는데, 그 중에는 지금도 왕성하게 활동하고 있는 원로배우의 얼굴들이 보인다. 나중에 알게 된 이곳의 명칭은 '칠성로.' 한때 '제주의 명동'으로 불리던 번화가로, 사람들이 어깨를 부딪치며 걸어야 할 정도로 호황을 누렸던 곳이지만 지금은 대부분의 상점이 문을 닫아 한산하기 그지없다. 인적조차 드문 길에 썰렁한 기운만 가득해 춥다. 점찍어두었던 카페

에 가서 몸이나 녹여야겠다.

5.16노선 버스를 타고 산천단으로 왔다. 산천단은 시내에 비하면 고지대인 데다 숲으로 둘러싸여 있어 눈이 채 녹지 않았다. 온통 하얀 세상이다. 이곳은 원래 한라산신제를 올리던 곳이다. 예로부터 매년 2월이면 한라산 백록담에서 산신제를 지냈는데, 길이 험하고 날이 추워 어려워지자 이곳으로 장소를 옮겼다. 제단 주위에는 600년이 넘은 곰솔들이 신령스러운 자태를 뽐내고 있다. 천연기념물로도 지정된 곰솔은 그 크기가 어마어마하다. 목이 꺾어질 정도로 올려다봐야 그 끝이 보일 정도로 키가 크고, 두께는 성인 남자 너댓 명이 안아야 품에 들어올 만하다. 엄숙하면서도 평화로운 정취에 휩싸여 한참 서성이고 있는데, 저 먼발치에서 강아지들이 뛰어온다. 사실 이곳을 찾은 이유는 산천단 뒤편에 자리한 '바람카페'에 들르기 위해서였다. 목적지를 코앞에 두고 계속 뜸만 들이고 있는 게 답답했는지 강아지들이 마중을 나왔다.

발을 굴려 신발에 묻은 눈을 탈탈 털어내고는 카페 안으로 들어섰다. 잔잔한 음악이 흘러나오는 카페는 고요하고 아늑하다. 창가에 앉은 아가씨는 커피 한 잔을 옆에 두고 책을 읽고 있으며, 바에 앉아 있는 이담님(男사장)과 손님을 맞는 예지님(女사장)은 분위기를 깨지 않으려는 듯 묵묵하다. 자리에 앉자마자 고민할 필요도 없이 커피와 오므라이스 세트를 주문했다. 잠시 후 주방에서 '탁탁탁탁' 도마 두드리는 경쾌한 소리가 들려오더니 이내 뚝딱 음식이 완성되어 나왔다. 노오란 계란으로 싸여진 음식에서 진한 소스향이 풍겨온다. 안쪽의 내용물은 과하지도 부족하지도 않게 적당히 익혀졌다. 오이피클을 대신해 나온 매콤한 고추피클은

느끼한 맛을 적절하게 잡아준다. 사실 이 오므라이스가 먹고 싶어 바람카페를 찾았다. 여행작가 선배가 극찬을 했던 맛이다. 역시 그럴 만하다. 바람카페의 커피는 마니아들 사이에서 정평이 나 있다. 직접 로스팅을 할 뿐 아니라, 예가체프나 케냐 등을 즐기러 일부러 찾는 이들도 있을 정도다. 나는 커피 맛을 잘 모른다. 어쩐지 쓰디쓴 커피에는 영 맛을 붙이지 못하고 있다. 나에겐 곧 죽어도 달디 단 믹스 커피가 답이다.

푹신한 소파에 몸을 깊숙이 누이고 앉아, 맞은편 소파에서 잠에 취한 채 서로를 핥아대는 고양이들을 흐뭇하게 바라본다. 방명록을 뒤적거려 이곳에 흔적을 남기고 간 지인들의 이름을 찾아보기도 한다. 치지도 못하는 우쿨렐레를 들고 대단한 뮤지션이라도 되는 양 폼을 잡아본다.두 시간 여를 그렇게 바람카페에 머물렀고, 그 시간은 쉼 그 자체였다.

가끔 오므라이스가 당길 때면 어김없이 바람카페가 떠오른다. 하지만 최근에서야 이제 더 이상 바람카페의 오므라이스를 먹을 수 없다는 아쉬운 소식을 접했다. 요리를 담당하셨던 이담님이 카페를 떠나셨단다. 지금 그는 노란 커피트럭을 타고 전국 방방곡곡을 누비며 커피로드를 즐기고

있다. 스스로 바람이 되어 사람을 만나고 커피 향을 실어 나르고 있는 것이다. 간간이 SNS를 통해 이담님의 소식을 접한다. 커피에 대한 사랑과 구속 받지 않는 영혼에 새삼 질투가 날 때도 있다. 그러고 나면 어김없이 이담님표 오므라이스가 그리워진다.

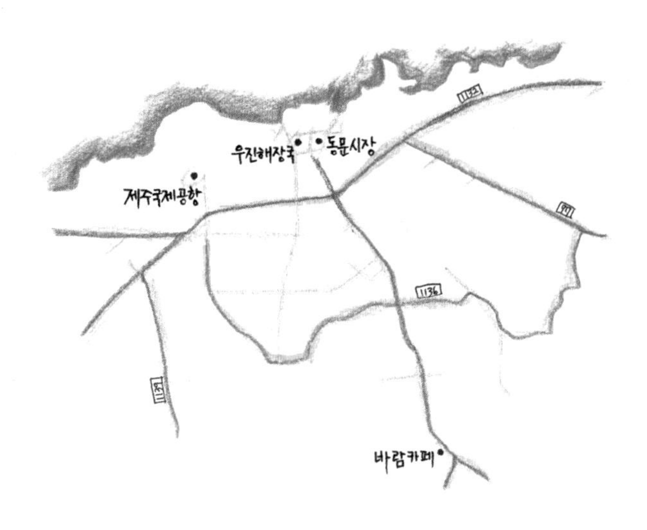

우진해장국(제주시 삼도2동 831 / 064.757.3393)은 제주도민들에게 더 유명한 집으로, 제주도식 고사리 육개장이 별미다. 동문시장은 제주시 일도1동에 자리하고 있는 재래시장으로 제주도에서 규모가 가장 크다. 제주도 특산물들을 한자리에서 만날 수 있음은 물론, 소소한 삶을 엿볼 수 있는 곳이다. 바람카페(제주시 아라1동 371-20 / 070.7799.1103)는 산천단에 자리하고 있다. 제주시터미널에서 5.16노선(780번) 버스를 타고 산천단정류장에서 하차하면 된다.

035

,

고마워요, 성이시돌

6월의 제주는 줄곧 비였다. 5일간의 여행 내내 딴 하루도 맑은 하늘을 본 적이 없었다. 그 비가 날 쫓아 서울까지 왔나 보다. 서울 하늘에서도 계속 굵은 빗줄기를 뿌려대고 있다. 일기예보를 보니 며칠간 우산 그림만 빼곡하다. 기분이 한없이 가라앉고 마음이 싱숭생숭하다. 어릴 적부터 비만 오면 우울해하던 나였다. 나이가 들어 제법 스스로 마음을 다스릴 줄 알게 되면서 이젠 비오는 날의 우중충한 감성도 즐길 수 있게 되었다 생각했건만, 여전히 울컥하는 마음 어찌할 바 모르겠다. 창문을 열고 가만히 비 내리는 풍경을 바라보다, 튀밥 튀듯 튀어 들어오는 빗물 몇 방울을 맞고는 후다닥 문을 닫아버렸다.

유난히 더욱 나락으로 떨어지는 날이 있다. 무언가 터질 것처럼 가슴이 답답한데 멍울멍울 굳어져 밖으로 나오질 않는다. 그러다 문득, 빗물에 젖은 초록의 싱그러움이 보고 싶어졌다. 당장 드넓은 초원이 펼쳐진 곳으로 달려가고 싶지만, 게으른 몸이 쫓아가지 못한다. 그러고 보니 제주

에 있을 때 부슬비 내리는 목장에 갔던 적이 있다. 아직 채 정리하지 못한 메모리를 뒤적여 사진 몇 장을 찾아내 그리 오래 되지 않은 추억 속으로 빠져든다. 우산도 없이 비오는 목장길을 따라 걸었다. 옷에 달린 후드 하나 뒤집어쓰고 카메라는 물에 젖을까, 품에 꼭 안고 있었다. 초록은 빗물에 더욱 선명해졌고, 풀잎들은 은구슬을 매달고 있었으며, 멀리 떨어진 곳에서는 잔 근육이 탄탄한 말들이 모여 여유롭게 빗물 샤워를 하고 있었다. 비로 인해 오래 머물지는 못했지만 하나하나 돌이켜보면 참 싱그러운 기억이다.

사실 성이시돌 목장이 처음은 아니었다. 지금으로부터 꼬박 1년 전, 나는 어김없이 제주도에 있었다. 그때 어느 게스트하우스에서 만난 분을 통해 이곳을 처음 알았다. 그분이 보여준 사진 속에는 푸른 목장이 있었고, 그 속에 덩그러니 이국적인 건물 한 채가 자리를 지키고 있었다. 나중에 알고 보니 그것은 '테쉬폰' 이라는 건축물. 이라크 바그다드 근교 테쉬폰이라는 지역에서 비롯된 건축양식을 따르고 있어 붙은 이름이었다. 테쉬폰은 성이시돌 목장의 명물이다. 특히 취미나 전문적으로 사진을 찍는 이들이 사랑하는 피사체이기도 하다. 한국에서는 볼 수 없는 특색 있는 건축형태에 세월이 얹어진 모습이 독특한 분위기를 자아내기 때문이다.
목장 안쪽으로 들어가면 성이시돌 센터가 있다. 성이시돌 목장이 개인 사유지인 까닭에 출입하려면 반드시 거쳐야 할 관문이다. 사무실로 들어서자 자리를 지키고 있던 여직원이 전시관으로 안내해준다. 1950년대 목장이 처음 생겼을 때부터 지금까지의 역사를 한눈에 들여다볼 수 있는 연대표와 목장을 만든 맥그린치 신부의 인터뷰 영상 등을 만나볼 수 있는 작은 공간이다. 전시관을 둘러보는 동안 직원은 목장에 대한 다양한 이야기를 들려주었다.

처음 '성이시돌'이라는 이름을 접했을 때 난 제주도 어느 농부의 이름일 거라 생각했다. 하지만 의외로 스페인 사람이었다. 성이시돌이라는 세례명을 가진 농부가 있었다. 에스파냐 마드리드에서 태어난 그는 성품이 온유하고 자비로워 어려운 사람들 뿐 아니라, 동물들도 극진히 보살피는 성인으로 많은 이들의 존경을 받았다. 한편, 1954년에 아일랜드 출신의 한 신부가 선교활동을 위해 제주도 한림지역을 찾아 참담한 가난을 목격하게 된다. 신부는 선교는 뒷전으로 미룬 채 버려진 땅에 씨앗을 뿌리며 가꾸기 시작했고, 그의 노력에 돌밭이었던 황무지는 점점 생명력이 더해져갔다. 그렇게 가꾸어진 땅은 스페인 어느 농부이자 성인이었던 자의 이름을 따 성이시돌 목장이 된 것이다.

직원이 들려준 이야기 중 가장 가슴을 따뜻하게 해준 것은 목장 안에 무료로 운영되는 요양원이었다. 목장에서는 낙농사업이나 경주마를 육성하는 사업 등을 하고 있으며, 이로 인해 만들어진 수익금은 복지사업을 위해 쓰이고 있다. 개인적인 이익이 아닌 사회 환원을 위한 사업을 하고 있다는 것을 알고 보니 성이시돌 목장이 조금은 달리 보였다. 시작은 물론이고, 지금까지도 여전히 아름다운 목장이다.

센터에서 나와 맞은편에 있는 새미은총의 동산을 둘러보았다. 이름에서 느껴지는 것처럼 이곳은 천주교인들을 위한 기도와 명상의 공간으로 이용된다. 잘 가꾸어진 산책로에는 종교와 관련된 조각상들과 벤치들이 드

문드문 놓여 있었고, 곧이어 십자가의 길이 이어졌다. 가톨릭 신자라면 성지순례의 길이 될 것이고, 종교가 없는 이들에게는 호젓하게 걷기 좋은 산책로가 되는 곳이다. 전체적으로 관리가 참 잘 되어 있다는 느낌이었다. 길은 가지런히 닦여 있고, 잔디며 나무들도 말끔했다. 우거진 숲과 넓디넓은 호수가 펼쳐진 곳이 있는가 하면, 야외미사를 드리는 예쁜 공간도 있었다. 걷는 동안 내내 마음이 편안해지는 길이었다.

성이시돌 목장은 한라산 중산간 지대인 한림읍 금악리에 자리하고 있는 목장이다. 맥그린치 신부가 가난한 제주도민들에게 자립의 기틀을 마련해주기 위해 중앙실습목장을 만들면서 그 시초가 되었다. 이방인의 손에 의해 처음 가꿔진 땅이지만 현재는 사회복지시설을 무료로 운영하며 단순한 목장의 개념을 넘어서고 있다. 아름다운 것은 비단 목가적이면서도 이국적인 목장의 풍경뿐이 아니다. 종교를 떠나 다시금 새겨보게 만드는 삶과 인간의 가치도 의미가 있다.
목장을 나서기 전 다시 성이시돌 센터에 들러 이곳에서 만든 우유 여섯

병을 사들고 나왔다. 게스트하우스 식구들에게 하나씩 나눠줄 것이다. 이 작은 행동으로나마 나보다 어려운 이들을 도울 수 있다고 생각하니 마음이 한결 가벼워졌다. 신선하고 고소한 게 이 우유, 맛도 좋다.

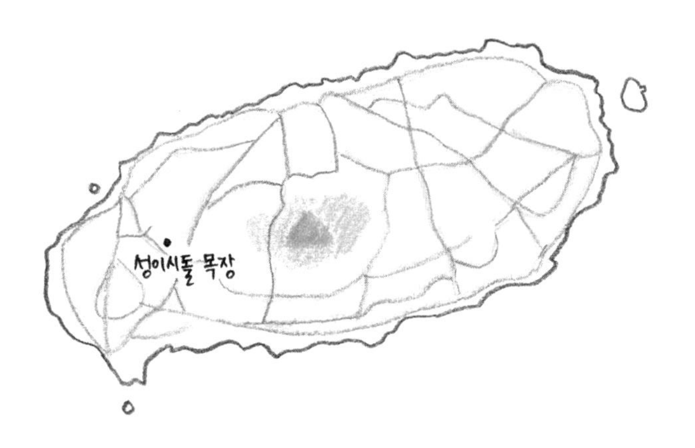

성이시돌 목장은 제주시보다 서귀포에서 가는 것이 환승 없이 수월하다. 서귀포 시외버스터미널에서 961번 읍면순환버스 탑승 후 이시돌하단지 또는 이시돌삼거리 정류장에서 하차하면 되는데 배차가 넉넉하지 않으니 가능하면 자가용을 이용하는 것을 추천한다.

성이시돌 목장 http://www.isidore.co.kr

• **주소** 제주시 한림읍 금악리 116 • **전화** 064.796.0396

036

,

겨울날 새별오름에서의 추억, 두 페이지

이 밤, 단체로 이불에 지도를 그릴 작정인가 보다. 모두 한 데 모여 불장난을 하고 있으니 말이다. 불을 지른 것도 모자라 축포까지 쏘고 있다. 밤하늘로 쏘아 올린 불꽃이 비가 되어 쏟아지고, 사람들은 흥에 겨워 춤을 추고 노래를 한다. 그렇다! 축제다! 제주도에는 불을 지르는 축제가 있다. '제주 들불축제'가 바로 그것이다.

처음 새별오름을 찾은 것은 2012년 2월 4일이었다. 운이 좋았다. 의도한 것도 아니었는데 어쩌다 보니 축제기간에 맞춰 제주도를 찾았다. 역시 이름 있는 축제는 달랐다. 행사장까지 무료 셔틀버스가 운행될 정도로 준비가 철저했다. 제주시에서는 종합경기장과 한라대입구 사거리를 경유하는 차편이 20~30분 간격으로, 서귀포시에서는 서귀포시 2청사와 천제연폭포 입구를 경유하는 차량이 30분~1시간 간격으로 운행되고 있었다. 덕분에 새별오름까지의 열악한 교통편을 걱정할 필요 없이 쉽고 빠르게 행사장에 도착할 수 있었다.

행사장은 그야말로 인산인해였다. 주차장에 빼곡히 들어선 차량들, 걷는 족족 발에 치일 정도로 수많은 인파들, 입구부터 즐비한 노점상들. 입구에는 교통 안내 요원들이 배치되고, 도로를 오가는 차량들은 자가용이며 버스 할 것 없이 계속해서 사람들을 토해냈다.

무대가 설치된 곳으로 걸음을 옮기다 사진 찍기 좋은 명당을 찾아 길을 틀었다. 새별오름이 마주 보이는 낮은 언덕 갈대밭에 자리를 잡았는데, 이미 먼저 온 사람들이 삼각대를 세우고 있었다.

오늘은 축제기간 3일 중 마지막날. 드디어 폐막식이 시작되었다. 맛보기로 보여준 레이저쇼는 사실 조잡한 수준이었다. '2012'와 '들불축제'의 글자를 표현했으나 크기가 작고 형체도 희미하여 알아보기 힘들 정도였다. 하지만 오름에 불이 지펴지고 폭죽이 터지기 시작하면서 상황은 바꿔어갔다. 형형색색의 화려한 불꽃이 하늘을 수놓자 사람들은 탄성을 터뜨리기 시작했고, 나는 불꽃이 터질 때마다 정신없이 셔터를 눌러댔다. 하지만 결과물은 엉망이었다. 삼각대를 준비하지 않은 것이 후회될 뿐이었다. 결국은 카메라를 내려놓고 눈에 보이는 광경을 즐기기로 했다.

한 번의 폭발적인 불꽃놀이가 끝난 후 구경꾼들은 발길을 돌리기 시작했다. 차량이 붐비는 시간을 피해 빨리 행사장을 빠져 나가려는 움직임들이었다. 나는 서두르지 않았다. 여전히 축제의 장에 남아 있었고, 또 여러 번 불꽃이 터졌다. 2011년에는 구제역 때문에 행사가 취소되고, 그 전년도에는 오름 전체를 태웠다고 한다. 2012년에는 '무사안녕'이라는 글귀를 만들어, 그 부분에만 불을 지폈다. 오름 전체가 타오르는 장면을 기대했기에 살짝 아쉬웠지만, 그것만으로도 충분히 멋진 볼거리였다.

폐막행사가 끝난 후 어느 정도 사람이 빠져 나가자 무대 앞으로 이동했다. 멀리서 봤을 때는 어둠 속에 가려져 몰랐던 일일주막들이 눈에 들어왔다. 무대 앞쪽은 열광의 도가니였다. 빵빵한 음악이 흘러나오자 사회자는 환호를 보내며 흥을 돋웠고, 관객들은 신이 나 몸을 흔들어댔다. 무대 뒤쪽에는 대형 모닥불들이 운치를 더하고 있었다. 그리고 불 주변에 옹기종기 모인 사람들은 추위를 녹이며 기념사진을 남기고 있었다.

축제가 마무리되며 슬슬 행사장을 빠져 나왔다. 셔틀버스를 타기 위해 입구 쪽으로 돌아갔지만 이미 대기 줄은 꼬리에 꼬리를 물고 있었다. 어차피 서둘러 봤자 아무 소용 없다는 걸 알기에 밤이라도 지새울 각오가 되어 있었다. 그러나 지자체의 대처능력은 신속하고 현명했다. 미니버스와 시내버스까지 동원되어 승객들을 실어 나르고 있었고, 길게 늘어선

행렬은 그리 오랜 기다림 없이 해결되었다.

10개월 뒤 다시 새별오름을 찾았다. 이번에는 혼자가 아닌 여럿이다. '휘이잉~' 창 밖에서 들려오는 거센 바람소리에 차마 이불 속에서 나오지 못하고 있는데, 막내 봉자가 잠을 깨운다.
"일출 보러 가기로 했으니 일어나야지~."
겨우 이부자리를 박차고 나오긴 했지만, 새별오름 입구에 도착해서도 차에서 나가기가 쉽지 않다. 어느 누구도 먼저 차문을 열지 못하고 웅크리고 있자, 안 되겠다 싶어 제일 큰 언니인 내가 나섰다. 깊은 숨을 토해내고 밖으로 나오니, 그제서야 다들 움직이기 시작한다.
"어우. 추워!" 다들 트렁크에 챙겨온 여분의 옷을 꺼내 입느라 바쁘다. 아직 어둠이 깔려 있는 시간, 정상으로 오르는 길이 또렷하지 않아 그저 감으로만 길을 찾기 시작했다. 처음에는 어스름한 달빛에 겨우 의지했지만, 서서히 여명이 밝아오며 오름을 메우고 있는 억새들이 모습을 드러낸

다. 바람결에 일렁이는 움직임이 황홀한 지경임에도 불구하고 감상에 젖을 시간이 없다. 우리에겐 정상에 올라 일출을 지켜보는 것이 우선이다. 숨을 헥헥 대며 쉬지 않고 올라 정상에 닿았다. 도착하자마자 풀밭에 웅크리고 앉아 해가 떠오르기를 기다린다. 주위를 살펴보니 다들 옷차림이 가관이다. 수진이는 점퍼 위에 니트를 덧입어 이보다 둔해보일 수가 없고, 옹나는 무슨 이불 같은 것을 뒤집어써서 그렇지 않아도 작은 애가 더 쪼그라져 보인다. 그러고는 바람을 피하겠다고 별 소용없는 억새풀을 방패삼고 있는 것이 우스워 웃음이 난다.

"이게 무슨 거지꼴이야~."

"지금 패션이 중요해? 추워 죽겠는데."

"아, 추워! 해는 언제 뜨는 거야?"

저마다 한마디씩 하며 깔깔대는 사이, 맞은편 산등성이 위로 붉은빛이 번져 올라온다.

"뜬다!"

추위에 떤 보람도 없이 빛은 산산이 조각난 채로 떠올랐다. 이글이글 타오르는 붉고 둥그런 태양을 기대했건만, 사방으로 환한 빛을 내뿜고 있는 부서진 태양이 고개를 내밀었다.
정상에서 내려오는 길, 또 다른 표정의 풍경들이 우리를 감동시킨다. 갓 스며든 따스한 햇살을 받은 억새가 반짝반짝 은빛 물결을 너울대는 모습이 어스름한 어둠 속에서 만난 그것보다 훨씬 아름답다. 바람이 불어오는 대로 살랑살랑 움직일 때마다 내 마음도 보드랍게 간질거리는 느낌이다. 파란 도화지에 하얀 물감으로 '스윽' 붓터치를 해놓은 듯한 하늘도

참으로 예쁘다. 자꾸만 고개를 꺾고 더딘 걸음을 걷게 되는 하늘이다. 정상에 오를 때는 바쁘고 급했던 걸음이었건만, 내려올 때는 눈에 담고, 마음에 담고, 카메라에 담고, 담을 주머니가 많아 더욱 느려진다.
돌이켜보면, 왜 하필 서쪽에 있는 새별오름에서 일출을 보려고 했는지 스스로도 의문이다. 하지만 상관없다. 차디찬 공기 속에서 따스한 아침 햇살을 기다렸던 그 시간은 아주 오랫동안 웃으며 회상할 수 있는 추억으로 남았으니까.
차가운 바람, 보드라운 억새물결, 그리고 무척이나 추웠지만 서로의 체온에 의지하며 맞이한 황금빛 햇살... 그날 그곳에 있던 것들이 또렷이 기억난다.

제주도에서는 매년 3월, 경칩이 있는 주 금요일부터 일요일까지 들불축제를 연다. 들불축제는 가축 방목을 위해 해묵은 풀을 없애고, 해충을 구제하기 위해 마을별로 매년 겨울철에 불을 놓았던 제주의 옛 목축문화인 들불놓기(또는 방애)에서 비롯되었다. 1997년에 처음 시작된 들불축제는 매년 제주시 애월읍 봉성리 산 59-8에 자리한 새별오름을 중심으로 열리며, 보통 3일 동안 행사가 진행된다. 축제의 하이라이트는 뭐니 뭐니 해도 폐막식에서 오름을 태우는 행사다.
들불축제 기간에는 무료 셔틀버스가 운행되니 이를 이용하는 것도 좋다.

037

,

사려니 사려니, 눈 쌓인 겨울숲을 걷다

"사려니..." 나직이 읊조려본다. 마음 속 깊은 곳으로부터 잔잔한 여운이 느껴진다. 그 여운이 달아나기 전에 걸음을 내딛는다. 아무도 밟지 않은 새하얀 눈밭으로의 한 발. 발바닥에 폭신한 느낌이 전해지며 눈 밟는 소리가 난다. 그 소리가 이 숲길의 이름을 닮았다.

사려니숲길 트래킹은 지난밤 갑자기 정해진 일정이다. 엊그제까지 거센 눈발이 흩날렸기에 중산간은 눈천지일 것이었다. 예상은 적중했다. 오전 9시 30분쯤 제주시내에서 출발하는 버스를 탔고, 이내 차창 밖으로 스쳐가는 풍경에 넋을 놓았다. 새하얀 눈에 뒤덮인 세상을 바라보며 순백의 아름다움에 빠져들고 만 것이다. 5.16 교차로를 지나 삼나무숲길로 들어서자, 그 아름다움은 절정에 달했다. 소복이 내려앉은 눈들은 가지와 나뭇잎들을 포근하게 감싸고, 몸통에 찰싹 달라붙은 눈덩이들은 삼나무를 달마시안으로 만들어놓고 있었다. 이렇게 스쳐 지나쳐야만 하는 풍경이

아쉬워 내릴까 말까 고민하는 사이 버스는 목적지에 도착했다. 기다렸다는 듯 뛰어내려 정지된 풍경을 바라본다. 도로가에 세워진 차들을 보니 '한 정거장 정도 일찍 내려 걸었어도 좋았겠다'는 후회가 밀려온다.

"안내책자나 지도 있을까요?"

"여기요. 운이 좋았네요. 눈이 많이 내려 바로 어제까지 길이 통제됐었는데, 오늘에서야 풀렸어요."

트래킹에 앞서 입구 탐방안내소의 문을 두드려 안내책자를 챙기고 해설사와 잠깐 대화를 나눴다. 많이 걸을 각오로 임한 제주 여행이었기에 궂은 날씨가 원망스러워지던 찰나였는데, 그의 한마디에 기분이 풀린다. 겨울에 겨울다운 여행을 할 수 있으니 행운, 게다가 더럽혀지지 않은 깨끗한 눈길이 나를 기다리고 있으니 금상첨화다. 숲은 고요하고 평화롭다. 드문드문 오가는 이들의 눈 밟는 소리와 간간이 까마귀 울음소리가 적막을 깨고, '딱딱딱딱' 딱따구리의 나무 찍는 소리가 아득하게 더해진다. 눈 속에 속살을 감춘 겨울숲과 메마른 나무들의 밋밋한 풍경이 조금 지루하다 느껴질 때쯤이면 한 번씩 '후두두둑', 눈의 무게를 이겨내지 못한 나뭇가지가 요란한 소리를 내며 눈을 털어낸다. 나뭇잎 사이로 햇살이 스며들어 숲에 빛줄기를 떨구고, 그 사이로 하얀 눈가루가 반짝이며 흐트러진다. 하아... 예쁘다. 이것이야말로 겨울숲의 마력 아니겠는가.

"사진사인가 보네~."

"네? 아니에요. 그냥 취미예요."

한참 길을 걷고 있는데 아빠뻘 정도 되어 보이는 어르신이 말을 건넨다. 카메라를 들고 이곳저곳을 향해 셔터를 눌러대니 직업이 궁금했나 보다. 이런저런 이야기를 나누다 보니 우리는 금세 길동무가 되었다. 길에서 만났으니 대화의 주제는 대부분 여행이다. 제주도 토박이인 어르신은 제주도에 관한 추억을 이야기하고, 나는 지금껏 다녀왔던 여행지들, 또 앞으로 가게 될 곳들에 대한 이야기들을 나눈다. 곧 인도 여행을 떠날 예정이라는 말에 어르신은 깊은 흥미를 보이셨다. 류시화 시인의 《하늘호수로 떠난 여행》이라는 책을 보며 인도가 궁금해졌었단다. 책 속에서 만난 인도가 참 재미있어 꼭 한 번쯤 가보고 싶다는 생각을 했다고. 이후로도 한참 류시화 시인과 그의 책에 관한 이야기를 하시더니 덧붙이신다.

"인도 다녀오면 그 이야기도 좀 들려줘요."

"네."

우리는 연락처를 주고받으며 다음을 기약하고는 기념사진까지 남겼다.

그리고는 사진을 찍느라 걸음이 지체되는 바람에 제대로 인사도 못 나누고 헤어졌다.
어느덧 삼나무숲길로 접어들었다. 양쪽으로 빽빽이 높다란 삼나무들이 들어서 있는 호젓한 산책로를 따라 걷다 보니 숲 속에서 무언가의 움직임이 포착된다. 고라니다! 탐방안내소에 들렀을 때 고라니가 있다는 이야기는 들었지만 이렇게 실제로 만나게 될 줄은 몰랐다. 인기척을 느끼면 도망갈 수 있으니 조용히 움직여야 한다는 관리인의 조언대로 살금살금 다가가보지만 야생에서 우러난 동물적인 감각은 숨길 수가 없나 보다. 눈치를 챈 녀석이 내 쪽을 쳐다본다. 앗! 순간 얼음. 다행히도 고라니는 도망은 가지 않고 눈치만 살피다 다시 눈 속에서 먹이를 찾는다. 삼나무숲에서는 이후로도 여러 마리의 고라니를 볼 수 있었다. 녀석들은 홀로 또는 두세 마리가 무리지어 다니며 눈 속을 뒤적거렸고, 사람의 인기척을 느끼면 어느새 보이지 않는 곳으로 숨어 들어갔다. 개중에는 손을 흔들면 빤히 쳐다봐주는 녀석도 더러 있었다.
길의 막바지 즈음에 붉은오름으로 향하는 갈래길이 있다는데 아무리 봐도 표지판이 보이지 않는다. 길을 걸으며 한참을 두리번대고 있는데 마침, 헤어졌던 어르신에게서 전화가 걸려왔다.
"붉은오름 가는 길은 찾았어요?"
"아니요. 아직 안 보이네요."
"표지판이 작아서 그냥 지나칠 수 있으니 잘 찾아야 돼요. 노란 종이에 화살표가 있을 거예요."
"네. 잘 찾아볼게요."

통화가 끝나기 무섭게 붉은오름을 가리키는 화살표가 나타났다. 그런데 이 길 보통이 아니다. 빼곡한 나무 사이로 나 있는 길은 비좁은 데다 가파르기까지 하다. 밀림처럼 헝클어진 나무 사이를 비집고 가야 하는 일도 만만치 않다. 오후가 되어 녹기 시작한 눈은 질퍽질퍽 길을 미끄럽게 만들고 있다. 그래도 마냥 좋다. 발가락에 잔뜩 힘을 주고 걷느라 온 신경이 곤두서 있으면서도 걸을 수 있다는 행복감에 도취되어 연신 싱글벙글 미소가 떠나지 않는다. 길이 쉽지 않을수록 만족도가 높아지는 걸 보니 점점 걷는 것에 중독되어 가고 있나 보다. 힘든 길을 끝까지 걸었을 때의 성취욕과 그것을 증명하는 듯한 묵직한 통증이 좋다.

정상 전망대에 오르니 중산간의 속살이 고스란히 드러난다. 오름 바로 아래쪽으로는 제주 경마목장이 내려다보이고, 사방으로 또 다른 오름들이 병풍처럼 둘러져 있다. 가시거리가 좁아 한라산은 보이지 않는다. 저쯤 어딘가에 한라산이 있겠구나 짐작만 해본다.

전망대에서 내려오는 길은 두 갈래다. 한쪽은 붉은오름 휴양림으로 향하고, 또 다른 한쪽은 올랐던 길 그대로 다시 내려오는 길이다. 휴양림으로 향하는 길에는 나무 계단이 설치되어 있어 다소 수월할 것 같지만, 끝내지 못한 사려니숲길을 마저 마무리하기 위해 왔던 길을 택했다. 오를 때도 힘들었던 길은 내리막에서 더 고생스럽다. 아이젠이라도 챙길 걸 하는 후회는 이미 늦었다. 아쉬운 대로 든든한 나무들에 의지하며 거북이보다 더 느린 걸음으로 조심조심 비탈길을 내려왔고, 곧이어 사려니숲길도 끝이 났다.

'살안이' 혹은 '솔안이', 사려니라는 말은 이 단어들에서 변형되었다.

'살' 또는 '솔'이라는 말은 신의 영역을 가리키는 산 이름에 쓰이는 말이다. 즉 살안이나 솔안이는 '신성한 곳'이라는 의미로 해석된다. 신의 존재 유무를 떠나 자연만큼 신령스러운 것이 또 어디 있을까 생각해보면 그 말도 틀린 건 아니다. 사려니 숲에는 실제로 자연의 정령이 존재할 것만 같은 신비로운 기운마저 감돈다.

사려니숲길로 가기 위해서는 교래를 경유하는 성산부두노선(710-1번), 번영로노선(720-1번), 남조로노선(730-1번) 버스를 타야 한다. 노선마다 다른 버스 순환 경로에 따라 각각 물찻오름 입구나 붉은오름 정류장에서 하차하는데, 가능하면 물찻오름 입구에서 시작해 붉은오름에서 트래킹을 끝내는 코스를 추천한다. 사려니숲길 탐방로에는 물찻오름과 붉은오름, 그리고 사려니오름까지 총 세 개의 오름이 있다. 이 중 물찻오름은 자연휴식년제를 시행하고 있어 2015년 6월까지 출입이 통제되며, 사려니오름은 사전에 제주시험림 탐방 예약을 해야만 출입이 가능하다. 사려니오름은 서성로 방면 한남출입구 쪽에서만 진입이 가능하다.

038

,

용암이 흘러간 흔적 따라 걷기, 거문오름 용암길

대단한 자부심이라고 할지도 모른다. 누군가는 우물 안 개구리 같은 소리 한다고 비아냥거릴지도 모르겠다. 하지만 단언컨대, 제주도만큼 다채롭고 아름다운 자연경관을 본 적이 없다. 이는 이미 세계적으로도 인정받은 바. 말도 많고 탈도 많았지만 '세계7대 자연경관'이라는 타이틀 획득은 물론, 유네스코 세계자연유산으로 등재된 곳도 있으니 바로 한라산천연보호구역, 성산일출봉, 거문오름 용암동굴계(거문오름, 벵뒤굴, 만장굴, 김녕굴, 용천굴, 당처물동굴)가 그 주인공들이다. 이 중에서도 특히 거문오름 용암동굴계는 일반인들에게 개방이 허락되지 않아 더 신비로운 곳으로 남아 있다. 만장굴을 제외하고는 철저한 보호 아래 탐방이 금지되어 있고, 그나마 일반인 출입이 가능한 거문오름은 사전예약을 통해 하루 400명까지만 트래킹이 허락된다. 단! 1년 중 딱 한 번, 사전 예약 없이도 자유롭게 거문오름을 탐방할 수 있는 기회가 있다. 바로 국제트래킹대회가 열리는 기간이다.

국제트래킹대회는 거문오름이 세계자연유산으로 등재된 2008년부터 시작되었으며, 매년 7월 초부터 한 달 여간 진행된다. 대회기간에는 평상시 개방되지 않는 코스가 한시적으로 열리기도 하는데, 용암이 지나갔던 길을 따라 현재의 생태계를 살펴볼 수 있는 용암길이 그 코스다.
거문오름 탐방은 세계자연유산센터에서부터 시작된다. 매표소에서 티켓을 끊은 후, 탐방안내소에 들러 신청서를 작성하고 출입증을 받으면 준비 완료. 길을 나서기에 앞서 세계자연유산센터에 들러본다. 별도의 입장료를 지불해야 하지만, 제주도의 생성과정에서부터 현재의 지형과 생태계, 세계자연유산으로서의 가치에 대한 것까지 꼼꼼히 살펴볼 수 있어 우리 제주가 얼마나 아름답고 신비로운 곳인지 더 깊이 들여다볼 수 있는 계기가 되어준다. 꽤 탄탄한 스토리와 CG로 제작된 4D영상을 통해 제주도에 관련된 설화를 만나보는 것도 재미있는 볼거리 중 하나다.

이제 탐방로 안내를 도와주실 김상수 이장님을 대동하고서 본격적인 탐방길에 오른다. 거문오름은 분화구 내부에 울창한 수림이 검은 빛을 띄고 있다 하여 검은오름이라고 표기하는 경우도 있으며, '신령스러운 공간' 이라는 의미도 담고 있다. 트래킹 코스는 태극길과 용암길로 나뉘는데, 태극길은 분화구 전경과 오름의 능선, 그리고 주변에 산재한 또 다른 오름들을 조망할 수 있는 코스로 설계되었으며, 용암길은 거문오름에서 용암이 흘러간 길을 따라 상록수림, 곶자왈 지대, 벵뒤굴 입구, 웃밤오름까지 이어지는 코스다. 우리는 태극길의 일부구간인 정상코스를 걷고, 이어 용암길을 따라 종착지인 다희연까지 걸을 예정이다. 총 거리는 6km 정도 되겠다.

시작부터 지치기 시작한다. 이장님의 걸음이 어찌나 빠른지 그에 맞추려니 숨이 차오른다. 끝도 보이지 않는 나무 계단의 숫자에 낯빛이 누래졌는데, 그 와중에 양쪽으로 빽빽하게 차오른 삼나무들이 뿜어내는 피톤치드 향은 상쾌하다.

"쉬지 않고 걸어야 덜 힘들어요. 자~ 빨리빨리 걸어요."

기운 넘치는 이장님의 채찍질에 정말 쉬지 않고 걸어, 10여 분 만에 계단의 끝자락이 보이기 시작했다.

"여기 좀 봐요."

계단이 몇 개 남지 않은 지점에서 이장님은 오른쪽 풀숲을 뒤적이시더니 숨겨져 있던 깊은 구멍 하나를 찾아내셨다. 그것은 다름 아닌 태평양 전쟁 당시 일본군들이 파놓은 갱도진지다. 거문오름 정상부에 오르면 해안에서부터 이곳까지의 전망이 한눈에 들어온다. 이는 전쟁시 천혜의 요새로 사용되기에 최적의 입지조건을 갖춘 것이나 다름없다. 태평양 전쟁 당시 일본군은 제주도 전역에 수많은 갱도진지를 만들었고, 거문오름에서 확인된 것만 10여 곳에 이른다. 자연유산으로서의 거문오름을 만나

기 전, 가슴 아픈 역사의 현장에 먼저 선 마음이 개운치 않다.

제주도에는 약 370여 개의 오름이 분포되어 있는 걸로 집계된다. 그 중 왜 유독 거문오름만 유네스코 세계자연유산에 등재되었는지는 정상부에 오르고 나면 이내 짐작할 수 있다. 거문오름 정상에 서면 평지에서는 볼 수 없었던 화산 분화구들이 한눈에 내려다보인다. 숲으로 뒤덮인 탓에 움푹 팬 형태가 가려지긴 했지만 그곳이 분화구임은 충분히 눈치 채고도 남는다. 용암동굴계에 산재한 10여 개의 동굴들이 화산활동을 통해 형성되었음을 증명하는 흔적이다.

"저기가 용암이 흘러갔던 길인데... 보여요?"

"어디요?"

"저기, 분화구 옆으로 바다를 향해 흘러간 길이 나 있잖아요."

이장님 말씀대로라면 분화구 옆으로 해안을 따라 흘러들어가며 좁고 깊은 계곡을 만들고 있는 용암길이 보인다고 하지만 나는 아무리 기웃거려도 그 길이 보이지 않는다. 일행들은 다 찾았다는데 내 눈에만 보이지 않으니 답답할 노릇이다. 오죽 답답했으면 매직아이를 하듯 눈동자를 모으고 집중을 해봐도 또렷하게 나타나는 길이 없다. 에잇, 포기! 이장님이 가리키고 있는 저쯤 어디려니 하고 말련다. 어쨌든, 이처럼 아주 오랜 옛날 이 땅에서 일어난 화산활동을 가늠할 수 있는 흔적들이 곳곳에 도드라져 있으니 세계자연유산으로서의 가치를 굳이 들먹일 필요는 없겠다. 비단 이 뿐만이 아니다. 거문오름은 지질이나 지형, 식생의 측면에서도 매우 다양한 특징을 갖고 있는데, 식물지리학적 측면에서 보자면 아열대 · 난대 · 온대에 걸쳐 출현하는 식물들이 골고루 분포되어 있다. 또한 양치식물의 경우, 다른 오름들에서는 제주에서 비교적 흔하게 관찰되는 종들이 식생하는 반면, 거문오름에는 매우 희귀한 종들이 살아가고 있다는 점도 들 수 있다. 이러한 점은 곧 거문오름이 다양한 환경을 지니고 있다는 증거로, 자연유산으로 보호되어야 할 충분한 이유가 된다.

능선을 따라 내려와 너른 초지가 드러나는 구간부터는 용암길이 시작된다. 평소에는 개방되지 않은 탓인지 용암길은 원시림의 기운이 사뭇 강하다. 뿌리부터 얽히고설킨 나무들은 진한 이끼와 억센 넝쿨들에 휘감겨 심난하고, 길바닥 아무데나 울퉁불퉁 튀어나온 돌덩이들은 걸음마다 훼방을 놓는다. 바로 앞에서 길을 가로질러 지나가는 노루 때문에 놀라 자빠질 뻔도 하고, 나무를 타고 기어오르는 뱀을 발견하고는 기겁하기도 했다. 다닐 수 있는 길로만 다녀도 좁디좁고 험난한데, 이장님은 자꾸만 더 깊숙한 숲으로 들어가 길이 아닌 곳으로 우리를 이끈다. 보다 더 다양한 생태계의 표정을 보여주고 싶은 마음일 게다. 덕분에 숨겨진 보물을 찾아다니는 탐험대가 된 기분이다.

용암길에는 아주 오래전 제주민들의 생활상을 엿볼 수 있는 유적도 남아 있는데, 바로 숯가마터다. 제주지방에서 언제부터 숯가마와 숯을 만들었는지는 정확하지 않다. 다만, 1900년에서 1910년을 전후해 활발히 이뤄지다 쇠퇴하여 1970년대 전반기 무렵에 거의 사라진 것으로 추정된다. 현재 제주민들의 삶의 애환이 녹아 있는 이러한 숯가마터는 한라산 고지대에서만 드물게 볼 수 있는데, 그런 점에서 거문오름 용암길에서 만날 수 있는 숯가마터는 아주 중요한 가치가 있다. 숯가마가 이 자리에 있었다는 것은 주변에서 숯을 만들 나무들을 구하기가 쉬웠다는 이야기가 된

다. 이는 곧 지금보다 더 울창한 산림을 이루었을 과거를 상상해보게 한다. 이런 오지에서 어떻게 생계를 이어나갈 수 있었을지 현대 문명 속에 살고 있는 나로서는 도무지 상상이 되지 않는다.
식물지리학적 측면에서 거문오름의 가치는 용암길에서 더욱 확연히 드러난다. 식나무와 붓순나무 같은 희귀식물이 이처럼 큰 군락을 이루며 자라는 광경은 거문오름이 아니면 만날 수 없는 풍경이라고 한다. 제주도 곶자왈에서 볼 수 있는 가시딸기 역시 오로지 제주도에서만 자라는 희귀식물이다. 이외에도 일일이 열거하기 어려울 정도로 다양한 식물들이 분포하고 있다. 우리는 풀숲 사이에서 방울꽃을 발견했다. 이장님은 흔히 볼 수 있는 꽃이 아니라며 우리에게 행운을 가져다줄 거라고 말씀하셨다. 지금껏 수없이 거문오름을 다녔지만 당신도 처음 본다시며.

곶자왈이란 제주어로 '숲'을 뜻하는 '곶'과 '돌멩이'를 뜻하는 '자왈'이 합쳐진 말로, 돌이 많은 숲을 의미한다. 거문오름은 화산활동과 함께 작은 화산체를 형성했을 뿐 아니라, 막대한 양의 용암을 쏟아냈다. 분화구에서 흘러나온 용암류는 경사진 지형을 따라 해변을 향해 지속적으로 흘러가며 곶자왈 지대를 만들어냈고, 이처럼 크고 작은 돌들이 흩어져 있는 지역에 나무와 식물들이 자라나 사람의 손이 닿지 않는 원시림 상태가 된 것이다. 곶자왈 지역을 지날 때면 암석들 사이로 풍혈이 새어나와 여름에는 시원한 바람

을, 겨울에는 따뜻한 바람을 선사한다.
"이쪽으로 와서 여기 가만히 앉아봐요."
이장님이 이끄는 대로 걸음을 멈추고 쭈그려 앉은 채 바람을 느껴본다. 숲으로 뒤덮인 자리에서 엷은 바람이 새어나오는 것이 느껴진다.
"아, 시원하다."
그제야 엉덩이를 땅바닥에 붙이고 앉아 등 뒤쪽으로 양 손을 짚고는 고개를 들어 나무숲 사이로 드러난 하늘을 한 번 올려다본다. 좋구나!
곶자왈에 이어 삼나무숲을 차례로 지나고 나면 웃밤오름 가까이에 이르러 벵뒤굴이 모습을 드러낸다. 벵뒤굴은 제주도에 분포하고 있는 용암동굴 중에서 내부 구조가 가장 복잡한 미로형의 동굴로, 천연기념물 제 490호로 지정되어 있다. 당연히 일반인들은 출입할 수 없기에 입구가 철창으로 막아져 있는데도 탐방객들은 그 앞을 떠날 줄을 모른다.
"이 안에 에어컨 있는 거 아냐?"
동굴 안에 에어컨이 있나 의심이 들 정도로 시원한 바람이 불어오는데, 그 강도는 곶자왈의 풍혈에 비교할 수 없다. 곶자왈의 풍혈이 미풍이라면 벵뒤굴에서 불어오는 바람은 강풍, 심지어 회전까지 된다. 긴긴 트래킹의 끄트머리에 맛보는 달콤한 휴식과도 같은 바람 앞에서 너도 나도 철창을 부여잡고 놓을 생각조차 없다.
"갑시다. 사진 찍기 좋은 곳 보여줄 테니."
이장님의 재촉에 마지못해 자리를 털고 일어난다. 원래 트래킹 코스는 아니지만 보여줄 것이 있다며 앞장서는 이장님을 따라 나서니, 얼마 못 가 꽤 넓은 습지가 나타났다. 개구리밥이 동동 떠 있는 물속에 파아란 하

늘이 잠겨 있는 모습은 이름 있는 화가의 여느 작품 못지않게 아름다운 그림이다. 제주도에 비가 내리지 않은 지 오래되어 물이 말라 있는 상태인데도 불구하고 명작이다. 이장님은 풍경에 취해 셔터를 눌러대기에 바쁜 무리를 조용히 기다렸다 다시 걸음을 옮기기 시작했다. 이번에는 말 사진을 찍게 해주겠다는 것이다. 이윽고 나타난 광경에 우리는 모두 입을 다물지 못했다. 꿈결에서나 만날 수 있을 것 같은 장면이었다. 방금 전 보았던 습지보다는 조금 작은 물가에 큰 나무 한 그루가 풍성한 자태를 뽐내며 서 있고, 그 주변에는 통통하게 살이 오른 말들이 한가로이 풀을 뜯고 있다. 그리고 마치 거울을 아래에 둔 듯 수면 위로 그 모습이 비친다. 하늘은 푸르고 초록은 무성한 풍경 속에서 '평화롭다'는 표현 말고는 딱히 더 좋은 형용사가 떠오르지 않는 순간이다. 마치 세상의 시간은 멈춘 채 내가 서 있는 이 공간만 천천히 움직이고 있는 것처럼 아득하다. 긴 길의 끝에 이장님의 선물이 감동적이다.

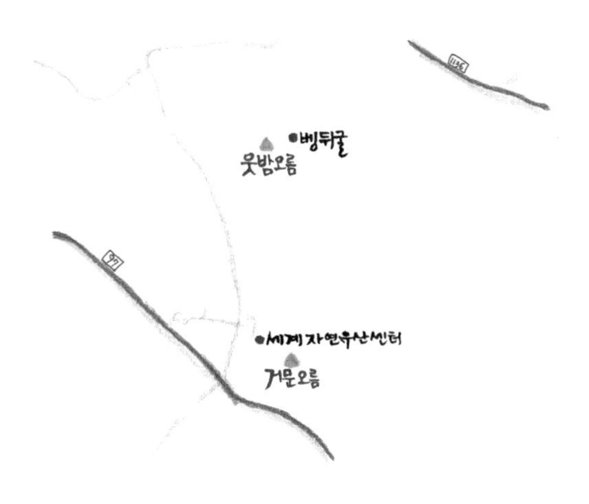

거문오름 http://geomunoreum.kr

- **문의** 064.71.8981
- **입장시간** 오전 9시 ~ 오후 1시 (탐방 예약은 희망일 5일 전까지 전화나 홈페이지를 통해 가능하며, 매주 화요일은 자연휴식의 날로 예약을 받지 않는다)
- **입장료** 성인 2천원 , 청소년 · 어린이 천원
- **탐방코스**

① 분화구코스 (해설사 동행) : 약 4.5km / 소요시간 2시간 30분
입구 → 제1룡 → 전망대 → 삼거리 → 용암협곡 → 알오름전망대 → 숯가마터 → 화산탄 → 선흘수직동굴 → 탐방로출구(정낭) → 입구

② 전체코스 (해설사 동행 또는 자율탐방) : 약 10km / 소요시간 3시간 30분
입구 → 제1룡 → 전망대 → 삼거리 → 용암협곡 → 알오름전망대 → 숯가마터 → 화산탄 → 선흘수직동굴 → 8개 능선 → 입구

③ 정상코스 (해설사 동행) : 약 1.8km / 소요시간 1시간
입구 → 제1룡 → 전망대 → 삼거리 → 탐방로출구(정낭) → 입구

④ 능선코스 (해설사 동행 또는 자율탐방) : 약 5km / 소요시간 2시간
입구 → 제1룡 → 전망대 → 삼거리 → 선흘수직동굴 → 제9룡 → 제2룡 → 입구

039

,

목장길 따라 트래킹, 가시리 쫄븐갑마장길

"가시리..." 소리가 새어나오지 않게 홀로 조용히 되뇌어본다. 쇳소리를 섞어 나지막이 불러줘야 할 것 같은 이름이다. 더할 '가(加)' 자에 때 '시(時)' 자를 써서 시간을 더한다는 뜻을 가진 가시리 마을, 왠지 모를 쓸쓸함이 묻어 있다.

가시리 마을은 제주도 동남쪽 중산간 지역에 겹겹이 오름들로 둘러싸여 있다. 고려 말 조공으로 바쳐졌던 제주말은 조선시대에 이르러서도 중산간 지역의 산마장에서 길러졌다. 그 중 가장 규모가 컸던 산마장이 바로 이곳, 가시리 마을에 자리하고 있던 녹산장이다. 당시에는 최고 등급의 말을 갑마(甲馬)라고 불렀으며, 이러한 말들을 모아 기르던 곳이 갑마장이다. 녹산장은 조선 정조때 갑마장으로 지정되었고, 현재까지 마을 공동 목장으로 운영되고 있다. 이에 가시리 마을에서는 주변의 오름과 목장길을 트래킹 코스로 연계하여 갑마장길을 만들었다. '쫄븐'은 '짧은'의 제주도 방언으로, 20km에 달하는 긴 갑마장길을 짧게 단축해놓은 것

이 쫄븐갑마장길이다.
쫄븐갑마장길의 시작점인 조랑말체험공원에 도착해 시계를 보니 9시를 향하고 있다. 공원은 나중에 둘러보기로 하고 길을 나서려는데 저 멀리 표선 바다 위로 찬란한 빛이 내리고 있어 시선을 사로잡는다. 시간이 지나면 다시 볼 수 없는 광경이기에 쉽게 걸음을 떼지 못하고 서성이다 지나가는 직원을 불러 세웠다.
"저, 아직 오픈 전인 것 같은데 들어가도 되나요? 저기 테우리 동산에..."
"네. 이 문을 열고 들어가면 돼요. '테우리'는 '목동'의 제주도 사투리예요. 테우리 동산에 가면 일본 작가의 작품들도 있으니 한 번 보세요."
테우리 동산은 목장에서 가장 높은 언덕을 가리킨다. 매년 백중이 되면 테우리들은 동산에 올라 제물을 차려놓고 말의 안녕과 건강을 기원하는 고사를 지낸다. 말똥들이 지천으로 깔린 초원을 요리조리 피해가며 동산에 오르자, 바다가 더 가까워졌다. 짙게 깔린 구름 뒤에 숨은 태양이 뿜어내는 빛살은 바다를 황금빛으로 물들였다. 바다를 등지고 서자 이번엔 한라산의 장엄한 자태에 시선이 멎는다. 신선하고도 신령스러운 한라산의 기운이 여기까지 전해지는 듯하다.
테우리 동산을 나와 한참을 걸었다. 족히 한 시간은 걸었던 것 같다. 짙은 나무숲으로 우거진 길을 걷다 스산한 갈대숲을 지났고, 물이 흥건하게 고인 진흙밭을 넘느라 신발이 더러워졌을 때, 길을 잘못 들어섰다는 것을 알았다. 분명 갑마장길이라는 이정표를 보며 따라왔건만, 언젠가부터 이정표가 보이지 않았다. 결국 다시 원점으로 돌아가기로 했다. 자신있게 앞서가던 날 뒤따라오던 행님에게 몹시 미안해지는 순간이었다. 지

난 저녁, 버스를 잘못 타는 바람에 화순 어딘가에서 길을 잃고 덜덜 떨고 있을 때 구세주처럼 나타나 숙소까지 데려다주신 데다, 오늘은 기꺼이 길동무를 자처해주셨는데 도리어 고생을 시키다니… "죄송해요~ 흑흑…"

조랑말체험공원으로 돌아와, 반대편 길로 다시 트래킹을 시작한다. 먼저 조랑말체험공원과 마주보고 있는 행기머체를 만났다. '머체'란 '돌무더기'를 뜻하는 제주방언으로, 그 위에 행기물(놋그릇에 담긴 물)이 있었다 하여 행기머체라 이름 붙여졌다. 현무암이 어지럽게 쌓여 있는 돌무더기 위로 나무들이 삐죽삐죽 솟아나와 있는데, 이는 일부러 돌을 쌓아 만든 평범한 돌무더기가 아니다. 원래 기생화산의 지하에 있던 마그마가 시간이 지나며 서서히 외부로 노출된 것, 쉽게 말해 용암 덩어리다. 행기머체에서 100m쯤 떨어진 곳에 돌무더기가 하나 더 있는데, 이는 꽃머체라

고 부른다. 돌무더기 위로 꽃이 피어난다 하여 이름 지어졌다. 이들은 세계적으로도 희귀하며, 특히 행기머체는 동양에서 가장 큰 규모를 자랑한다. 제주도가 어떻게 탄생되었는지를 증명할 수 있는 역사의 산물이라고 할 수 있겠다.

행기머체를 지나 도로를 건너 길의 초입에 들어서자 음습한 숲이 이어진다. 나무들이 삐뚤삐뚤 불규칙적으로 드리워져 있는 것으로 보아 사람의 손을 타지 않은 원시림이 분명하다. 그 나무들 사이로 얼핏얼핏 실개천이 들여다보이니, 바로 가시천이다. 가시천엔 물이 말랐고, 이끼가 잔뜩 낀 바위들과 부러진 나뭇가지만이 나뒹군다. 걷다 보니 동백 군락지가 나타났다. 그렇지 않아도 며칠 전 다녀왔던 위미리 동백 군락지와 카멜리아힐에 대한 이야기를 나누던 중이었다. 가지에 매달린 꽃송이는 이

제 얼마 없다. 철을 다한 동백꽃들은 이미 바닥에 흐트러졌지만, 우리는 한참 동안이나 말없이 카메라를 철컥대고 있었다. 이어 너른 초원에 하얀 풍력발전기가 돌아가고 있는 풍경을 만났다. 숲을 지나온 사이, 구름이 걷히며 파란 하늘이 드러나고 있어 이국적인 장관을 보여준다. 땅 위에는 군데군데 돌무더기들이 보이는데, 짐작컨대 말 무덤인가 보다.

또 길을 잘못 들었다. 다시 숲길로 들어서야 하는데, 나뭇가지에 매달린 표식을 놓친 채 앞만 보고 걸었던 탓이다.

"내가 이쪽으로 가야될 것 같다 했지?"

"아, 그랬어요? 전 못 들었는데..."

"좀 더 강력하게 말했어야 했군."

"정신줄 놓았나 봐요. 안 되겠어요. 이제 행님이 앞장서세요. 전 따라가겠습니다요."

행님에게 타박을 받으며 선두 자리를 양보했다. 수풀에 가려져 있던 가시천이 슬슬 모습을 드러내기 시작한다. 수량도 눈에 띄게 늘어 발을 담그면 발목까지는 올 것 같다. 계속해서 숲길의 연속이다. 숲을 이루고 있는 나무의 종류나 모양이 이전의 것보다 훨씬 다채롭다. 10분 정도 걸어가자 숲의 정령이 나타날 것만 같은 신비로운 계곡에 이르렀다. 울퉁불퉁 질서 없이 바닥에 깔린 바위들은 온통 초록색 이끼로 뒤덮였고, 그 바위들 사이 크고 작은 틈새마다 물이 고여 있다. 아니, 어쩌면 흐르고 있는데 움직임이 보이지 않는 건지도 모르겠다. 물가에는 나무가 우거졌는데, 어느 나뭇가지는 아주 낮게 드리워져 물속으로 다이빙 할 기세다. 푸른 나뭇잎 사이로는 햇살이 들어왔다 나가기를 반복한다. '고모레비.' 나뭇잎 사이로 비치는 햇살을 일본에서는 이렇게 부른다. 고개를 젖힌 채 위를 올려다보면 초록 이파리 사이로 햇살이 아른아른 참 예쁜데, 왜 우리말에는 이를 가리키는 단어가 없을까, 혼자 생각해봤던 적이 있다. 그러고는 스스로 이름을 지어봤었다. '숨빛' 이라고. 나뭇잎 사이로 숨었다 나타났다 하는 것이 숨바꼭질을 하는 것 같아서 숨빛, 또는 숨을 들었다 쉬었다 하는 것 같아서 숨빛이다.

여튼, 참 예쁜 이곳을 어떤 미사여구로 표현해야 할지 모르겠다. '예쁘다' '신비롭다', 이런 상투적인 단어밖에 떠오르지 않는다. 쉬이 발걸음이 떨어지지 않는다. 환장하게 예쁘고 신비로운 분위기에 이끌려 자꾸만 뒤를 돌아보게 된다.

"어?! 양념 반 후라이드 반이다!"

숲길을 빠져나오자마자 마주한 따라비오름을 보고 소리쳤더니, 같이 걷던 행님이 웃는다. 탁월한 표현이라는 말에 어깨가 으쓱한다. 특이하게도 오름의 반은 나무로 우거

져 초록이고, 나머지 반은 민둥하니 갈색이다. 정상으로 오르는 길은 나무계단이 끝도 보이지 않을 정도로 이어진다. 숨은 턱까지 차오르는데, 설상가상 변덕스러운 하늘이 싸리눈과 소나기를 번갈아가며 뿌려대기 시작한다.

"캬~!!! 쥑이네~!!"

행님은 저만치 멀어져가는데, 혼자 힘들어 자꾸만 멈춰서게 된다. 그러다 문득 뒤를 돌아봤을 때 절로 감탄사가 터져 나왔다. 푸른 대지 위로 올록볼록 솟아 있는 오름들과 멀리 바다가 펼쳐진 전망이 가슴을 탁 트이게 해준다. 정상에 도착하자 다시 한번 감동이 밀려왔다. 분화구를 두르고 있는 능선의 곡선미가 이토록 아름다울 수가 없다. 잘록하게 들어간 능선 너머로 보이는 풍경이 마치 함지박에 제주도의 자연을 정갈히 담아 놓은 것 같다. 문득 용눈이오름에서 느꼈던 감동이 오버랩되었다. 순위를 매기는 것 자체가 무의미하겠지만, 따라비오름의 선은 그보다 더 곱다. 이쯤 되면 오름의 어머니라는 타이틀을 따라비오름에 넘겨줘야 하지 않을까. 물론, 이는 지극히 개인적인 관점이지만.

오름에서 내려오면 잣성길을 지난다. 잣성은 하천이 없는 제주도 중산간

지역의 특성상 목초지에 경계를 구분하기 위해 축조한 돌담으로, 조선 후기에 설치되었다. 가시리 갑마장길에는 약 6km에 이르는 제주도 최장 길이의 잣성이 남아 있다. 돌담을 따라가다 보면 국궁장과 유채꽃광장을 차례로 지나 큰사슴이 오름으로 이어진다. 하루에 두 개의 오름을 오르자니 벅차고도 벅차다. 희한하게도 오름에만 오르기 시작하면 멎었던 눈발이 다시 날리기 시작한다. 코를 훌쩍대며 오르막을 오르다 지칠만 하면, 뒤돌아 서서 바라보이는 전망에 위안을 삼는다. 코앞에서 억새가 춤을 춘다. 바람이 움직이는 대로 기꺼이 휘날린다.

"어이쿠~ 폭삭 속았수다."
유채꽃프라자와 숲길을 지나 조랑말체험공원으로 돌아왔다. 꽤나 힘든 여정이었기에 서로 수고했다는 인사를 나누며 조랑말박물관에 들어섰다. 조랑말박물관은 우리나라 최초로 마을 주민들이 의기투합하여 세운 박물관이라는 것에 의의를 둔다. 전시관에는 말과 관련된 유물 및 예술 작품들이 소장되어 있다. 제주도의 목축문화, 조랑말의 생태와 습성에 관한 내용들을 살펴볼 수 있을 뿐 아니라, 조랑말 만들기 · 말똥과자 만

들기 · 비누 만들기 등의 체험도 가능하다. 3층 옥상정원에 오르면 가시리 마을 일대의 목가적인 풍경이 360도 파노라마로 펼쳐진다. 2층 전시장 한편에는 마음(馬音)카페가 있다. 유기농 공정무역 커피 한 잔에 말똥과자와 당근 쿠키를 씹으며 가시리를 느낀다.

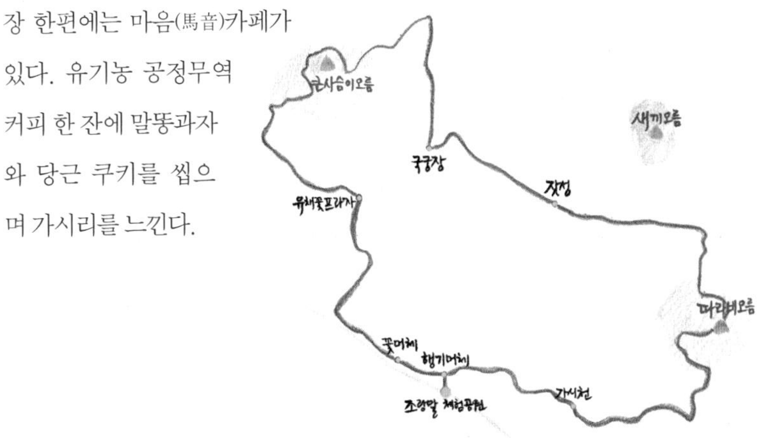

쫄븐갑마장길은 조랑말체험공원에서 시작된다. 거리는 총 10km로, 행기머체 → 가시천 숲길 → 따라비오름 → 잣성 → 국궁장 → 큰사슴이오름 → 유채꽃프라자 → 꽃머체를 거쳐 다시 시작점으로 돌아온다. 소요시간은 약 3시간.
걷기에 자신이 있는 트래킹족이라면 가시리 마을 안길까지 돌아볼 수 있는 갑마장길을 추천한다. 갑마장길은 총 거리 20km로, 7시간이 소요된다. 조랑말박물관은 입장료가 있다. 성인 2,000원, 청소년 · 군인 · 어린이 · 노인 · 국가유공자 · 장애우는 1,500원이다. 다양한 체험프로그램을 이용하고 싶다면 미리 예약하는 것이 좋다. 조랑말체험공원에서는 게스트하우스와 캠핑장도 함께 운영하고 있다. 한적하고 고요한 중산간 마을, 몽골텐트에서의 하룻밤은 꽤 운치 있지 않을까. 게스트하우스 요금은 1인 기준 2만원, 조식은 별도다.

쫄븐 갑마장길 http://www.jejuhorsepark.com

• **주소** 서귀포시 표선면 가시리 3149-33번지 • **문의** 064.787.0960

040

,

휴양과 치유의 숲,
절물자연휴양림

휴양과 치유가 필요할 때면 숲으로 간다. 삼림에서 뿜어 나오는 자연의 향기를 맡으면 몸과 마음이 절로 정화되는 기분이다. '절물'이라는 이름은 옛날 절 옆에 물이 있었다 하여 붙여진 이름으로, 현재 절은 사라지고 작은 암자만 남아 있는 상태다. 절물자연휴양림에는 다양한 산책코스가 있다. 먼저 활엽수가 우거진 생이소리길은 약 2km의 구간으로, 나무 데크가 깔려 있어 남녀노소 누구나 걷기 좋은 길이다. 이어 삼나무가 울창한 삼울길은 657m의 짧은 거리지만, 가장 많은 피톤치드를 내뿜는 길이다. 이외에 만남의 길, 물 흐르는 건강산책로, 오름길 등이 있지만, 절물자연휴양림에서 가장 원시적인 자연을 느낄 수 있는 길은 단연 장생의 숲길이다. 장생의 숲길은 절물자연휴양림의 산책코스 중 가장 긴 구간으로, 총 길이가 무려 11.1km에 이른다. 전 구간을 걷는다면 장장 네 시간 남짓 소요되는 길이다.

나는 오늘 장생의 숲길 일부 구간을 걸어볼 예정이다. 물 흐르는 건강산

책로를 지나 절물오름에 오른 후 장생의 숲길을 통해 다시 원점으로 돌아오는 것으로 코스를 계획했다.

매표를 끝낸 후 먼저 물 흐르는 건강산책로에 들어섰다. 하늘을 찌를 듯 높이 치솟은 삼나무들 사이로 잘 닦인 산책로가 탐방객을 반긴다. 50년 묵은 숲에서 뿜어져 나온 피톤치드 향이 전신을 휘감는다. 들숨 날숨을 반복하며 맑은 기운을 들이마시려 애써본다. 숲 속 여기저기에 놓인 넓은 평상 위에는 옹기종기 모여 앉은 사람들이 삼림욕을 즐기고 있다. 길의 한쪽에서는 신음소리가 터져 나온다. 지압길을 밟는 사람들이 발바닥에 느껴지는 고통을 못 이겨 내는 소리다. 덩달아 신발을 벗어들고 지압길을 밟아본다. 태연한 척 앞으로 나가다 결국 참지 못하고 신발을 신는다. 숲을 만끽하며 쉬엄쉬엄 그렇게 5분 정도 산책로를 따라 걷다 보니

작은 폭포가 흐르는 연못이 나오고, 곧이어 약수암을 지나 절물오름으로 향하는 오름길에 들어선다.

절물오름은 두 개의 큰 봉우리를 가지는데, 이 중 큰 봉우리를 '큰 대나오름', 작은 봉우리를 '족은 대나오름'이라고 부른다. '족은'은 '작은'이라는 뜻이다. 큰 대나오름의 정상, 즉 제1전망대가 있는 자리는 해발 697m로 그리 높은 편은 아니다. 제2전망대가 있는 족은 대나오름의 정상은 큰 대나오름에서 능선을 타고 이어져 있으며, 오름의 가운데는 움푹 패여 말굽형 분화구를 형성하고 있다. 오름으로 향하는 길은 활엽수가 우거져 깊은 천연림을 이룬다. 경사도가 평이한 구간도 있기는 하지만, 전체적으로 비탈진 길이 많아 그리 호락호락하지만은 않다. 함께한 일행 중 한 명은 다리가 몹시 불편한 상태다. 무릎 연골이 닳아 경사가 있는 길은 쉽지가 않은데도 꾸역꾸역 오르고 있다. 길에서 주운 기다란 나뭇가지를 지팡이 삼아 의지하고 있는 상태다.

"괜찮아요? 힘들면 밑에서 쉬고 있지~."

"무릎이 아프긴 한데, 안 가면 또 후회할 것 같아서."

꼬박 30분 동안 숨을 헉헉대며 오르다보니 높은 누각이 하나 나타났다. 제1전망대에 당도한 것이다. 누각 위에 올라서자 동서남북 사방으로 제주도의 자연경관이 펼쳐진다. 동쪽으로는 멀리 성산일출봉이 눈에 들어오고, 서쪽과 북쪽으로는 제주시의 전경을 비롯해 관탈섬, 비양도, 추자군도 등이 보인다. 풍경을 바라보고 있노라니 나비 두 마리가 날아들어 주변을 맴돈다. 그러더니 하늘 위로 높이 치솟아 오르며 술래잡기를 한다. 멋진 경관을 배경으로 날갯짓을 하는 나비의 움직임을 눈으로 좇고 있노라니 왠지 동화 속에 있는 것 같다. 시원한 바람이 불어와 흩날리는 머리카락과 함께 볼을 간지럽힌다. 꿈에서 깨고 싶지 않다.

전망대에서 내려와 다시 능선을 타고 족은 대나오름의 정상으로 향한다. 제2전망대는 한라산을 향해 나무 데크가 삐죽 삐져나와 있다. 손을 뻗으면 닿을 듯 가까운 곳에 한라산이 마주 서 있고, 그 주변에는 각각의 오름들이 능선을 타고 이어져 굽이굽이 솟아 있다. 한여름의 진한 녹음 속에 유난히 더 짙은 색을 드러내고 있는 삼나무숲이 매직아이처럼 입체적이다. 붓에 진한 녹색을 발라 정성스레 점을 찍어놓은 것 같은 그림이다.

다시 능선을 타고 걷다 보니 이제 하산길이다. 절물오름 정상에서 내려오는 길은 여러 갈래다. 올랐던 길로 되돌아 내려올 수도 있지만, 계획한 대로 장생의 숲길로 들어선다. 절물휴양림 대부분의 산책로가 걷기 좋게 포장된 반면, 장생의 숲길은 사람의 손을 타지 않은 원시림을 온전히 느낄 수 있도록 흙길 그대로 보존하고 있다. 바닥에는 울퉁불퉁 제멋대로 튀어나온 돌멩이들이 나뒹굴고, 쓰러지고 잘려나간 고목들도 그 자리에 그대로 방치되어 있다. 장애물을 피해 걷는 길이 다소 불편하지만, 이런 길이야말로 진짜배기 자연을 탐방할 수 있는 코스가 아닐까.

언젠가 일본 아오모리의 오이라세계류라는 계곡을 탐방한 적이 있다. 그때 함께 대동한 가이드는 이런 이야기를 했다. 태풍, 벼락, 홍수 등의 자연재해에 의해 훼손된 나무들이 길을 방해하기도 하지만 일부러 치우지 않고 있다고. 그것을 치우고 길을 정리하면 보기에 더 좋고 사람도 편하게 다닐 수 있을지는 몰라도 자연스럽지가 않다며, 자연은 있는 그대로 두고 보는 것이라고 했다. 사실 조금 부러웠었다.

급속도로 성장을 이룬 우리나라는 언젠가부터 보존보다는 개발에 치중하고 있는 것이 현실이다. 그렇기에 자연의 소중함과 그 가치를 자연스레 잊어버리게 되는 것이 당연할지도 모른다. 도로를 내기 위해 산을 깎고, 땅을 넓히기 위해 바다를 메우고, 더 편하게 다니기 위해 흙길을 포장한다. 하루에 얼마나 많은 나무가 베이고, 숲에 사는 생명들이 갈 곳을 잃어가는지 헤아릴 수 있을까? 간절히 바라옵건대, 앞으로도 계속 이 장

생의 숲길이 지금처럼 원시림의 상태를 유지할 수 있도록 아무것도 하지 않고 지켜봐줬으면 좋겠다.

절물자연휴양림은 빽빽한 삼나무수림이 만들어주는 그늘과 바다 쪽에서 불어오는 시원한 해풍이 조화를 이루어 한여름에도 시원한 공기를 느낄 수 있는 곳이다. 산책로는 비교적 완만하여 남녀노소 누구나 무난하게 산책을 즐길 수 있으며, 날이 가물어도 마르지 않는 약수는 신경통이나 위장병에도 특효가 있다. 또한 휴양림 내에는 숲속의 집이나 산림문화휴양관 등 숙박시설도 갖추고 있어 가족이나 연인, 또는 친구들과 '쉼'을 위한 시간을 보내기에도 좋다. 숲 해설사의 설명을 들으며 숲길을 걷고, 약수로 목을 축인 후, 삼나무 그늘 아래 평상에 누워 낮잠이라도 청하고 나면 그게 바로 힐링 아닐까.

절물자연휴양림 http://jeolmul.jejusi.go.kr/

- **주소** 제주시 봉개동 78-1번지
- **문의** 064.721.7421 (제주시청 앞에서 1번 버스를 타고 절물자연휴양림에서 하차)
- **매표시간** 오전 7시~오후 7시(절물오름과 장생의 숲길은 매주 월요일 정기휴식일)
- **입장료** 어른 1,000원, 청소년 600원, 어린이 300원

Epilogue

다 하지 못한 이야기

나의 제주앓이는 현재진행형이다. 아직도 제주가 고프다.
여행을 마치고 집으로 돌아올 때면
'아, 이젠 더 이상 미련이 없겠다' 싶다가도
얼마 지나지 않아 다시금 그곳이 그리워진다.
완주하지 못한 올레길, 오르지 못한 수많은 오름들,
눈에 담지 못한 미지의 비경들 그리고 다양한 체험과 먹거리까지.
여전히 그곳으로 떠날 핑계가 수북하다.
그래서 차곡차곡 나만의 버킷리스트를 작성해가고 있고,
한 권의 책을 만들어가는 시간 속에서도
버킷리스트들은 하나둘 채워지고 있었다.
그렇기에 미처 다 하지 못한 이야기들이 남았다.

1. 성산일출봉에서 바라본 성산포 풍경 2. 장엄한 용머리해안 협곡의 아우라
3. 봄날의 제주에 일렁이는 노오란 물결 4. 낭만적인 해변 승마를 즐길 수 있는 광치기해변
5. 새가 되어 제주의 하늘을 비행하는 꿈 6. 숲 속을 달리는 기차
7. 한여름에도 차마 담그지 못한 시리디 시린 계곡물 8. 청춘들의 열기 가득한 함덕 풀문 페스티벌
9. 해변에서의 달콤한 입맞춤 10. 애월을 물들인 노을

1

2

3

4

5

6

7

8

9

10